中等职业技术学校教学用书

照明线路安装与设计
——工作过程系统化项目式教程

主　编　唐淑妍

副主编　陈伟平　陈洁慧

参　编　夏钰尧　白　兰

扫一扫查看全书数字资源

北　京

冶 金 工 业 出 版 社

2023

内 容 提 要

本书采用工作过程系统化项目形式，从简单到复杂设计了书房照明线路的安装与调试、楼梯照明线路的安装与调试、公寓室内线路的安装与调试、公寓照明线路改装与调试、动力线路安装与调试、住宅的照明线路设计共 6 个学习项目，每个学习项目设计了引导问题式工作页，工作页按完成电工工作的流程进行编写。本书突出"做中学，做中教"，强调从实践中学习理论知识，再由理论知识指导实际工作。教学内容实用性强，有效融入新技术、新工艺和新规范。

本书可供中等职业技术学校（含技工院校）电气设备运行与控制、机电技术应用、制冷和空调设备运行与维护、电子技术应用等电类专业的学生使用，也可作为职业技能培训用书或有关工程技术人员参考书。

图书在版编目（CIP）数据

照明线路安装与设计：工作过程系统化项目式教程/唐淑妍主编. ——北京：冶金工业出版社，2023.8
中等职业技术学校教学用书
ISBN 978-7-5024-9560-2

Ⅰ.①照… Ⅱ.①唐… Ⅲ.①电气照明—设备安装—中等专业学校—教材 Ⅳ.①TM923

中国国家版本馆 CIP 数据核字（2023）第 121754 号

照明线路安装与设计——工作过程系统化项目式教程

出版发行	冶金工业出版社	**电　话**	（010）64027926
地　　址	北京市东城区嵩祝院北巷 39 号	**邮　编**	100009
网　　址	www.mip1953.com	**电子信箱**	service@mip1953.com

责任编辑　王　颖　美术编辑　彭子赫　版式设计　郑小利
责任校对　梅雨晴　责任印制　禹　蕊
北京建宏印刷有限公司印刷
2023 年 8 月第 1 版，2023 年 8 月第 1 次印刷
787mm×1092mm　1/16；13 印张；314 千字；198 页
定价 49.90 元

投稿电话　（010）64027932　投稿信箱　tougao@cnmip.com.cn
营销中心电话　（010）64044283
冶金工业出版社天猫旗舰店　yjgycbs.tmall.com
（本书如有印装质量问题，本社营销中心负责退换）

前　言

本书依据教育部《中等职业学校电气运行与控制专业教学标准》，参照人力资源和社会保障部《一体化课程开发技术规程》《电工国家职业技能标准》和相关行业标准，充分考虑中等职业学校学生的基础特点编写而成。通过职业领域分析、电工岗位的工作任务与工作内容剖析、遴选岗位的典型工作任务，根据典型工作任务归纳转换为书房照明线路的安装与调试、楼梯照明线路的安装与调试、公寓室内线路的安装与调试、公寓照明线路改装与调试、动力线路安装与调试、住宅的照明线路设计共6个学习项目，本书具有如下特点：

1. 引领电工专业群课程改革方向

本书按照工作过程系统化的设计思路，选择照明线路安装的难度作为参照系，设计了6个学习项目。每个学习项目所选取的学习载体难度逐渐加大，6个学习项目的内容呈递进或包容的关系，符合中职学生的认识特点。各学习项目的工作页按完成电工工作的流程进行编写，通过工作页中的"引导问题"引导学生完成明确任务和勘查施工现场、施工前的准备、现场施工和项目验收的电工工作流程，以达到学生"毕业即能上岗、上岗即能操作"的要求。

2. 体现"岗课赛证"四要素有效融合

本书以典型工作任务为主线将相关知识点和技能点有机结合，引用企业案例，同时融入"电工"职业资格证书的考核内容和全国职业院校"电气安装与维修"赛项的竞赛内容，吸收电工行业发展的新知识、新技术、新工艺、新方法，充分体现"岗课赛证"四要素有效融合。

3. 具有丰富的数字教学资源

本书配有电工必须掌握的技能点操作视频作为纸质教材有效补充，学生可通过扫描二维码观看操作视频辅助学习。

4. 引入课程思政案例

本书以弘扬工匠精神为主线，选取了6位大国工匠人物作为典型思政案例，学生通过了解工匠的成长经历和成功经验，感受大国工匠的敬业、精益、专注和创新的工匠精神。

本书以培训学生电工作业技能和综合职业能力为目的，在模拟房间的电气安装与维修实训装置环境中进行学习，为教师在做中教，学生从做中学提供良好的平台。

建议本课程以实训周形式开展教学，本书的教学学时分配建议如下：

学习项目	学习载体	学时安排（节）
项目 1　书房照明线路的安装与调试	使用 PVC 线槽敷设"一控一灯"照明线路	26
项目 2　楼梯照明线路的安装与调试	使用 PVC 线管敷设"两控一灯"照明线路	16
项目 3　公寓室内线路的安装与调试	使用 PVC 线管和线槽敷设公寓的室内照明线路和弱电线路	38
项目 4　公寓照明线路改装与调试	把项目 3 的公寓照明线路改装成智能开关控制吸顶灯和壁灯	14
项目 5　动力线路安装与调试	使用金属桥架敷设动力线路	21
项目 6　住宅的照明线路设计	设计一套三室一厅住宅照明线路	10
合计		125

本书是广东省珠海市教育科研"十三五"规划课题"基于工作过程的室内线路安装与调试一体化课程建设实践与研究"的研究成果，由唐淑妍任主编，陈伟平、陈洁慧任副主编，夏钰尧、白兰参编。项目 1、项目 2、项目 6 由唐淑妍编写，项目 3、项目 4、项目 5 由陈伟平编写，陈洁慧编写项目 2 工作页和制作操作视频，夏钰尧编写项目 4 工作页和拍摄视频，白兰编写项目 5 工作页和课程思政案例。全书由唐淑妍统稿，原珠海市技师学院郭雄艺副院长主审。

本书在编写过程中，得到了珠海市室内装饰行业协会会长钟毅、碧桂园生活服务集团股份有限公司李明工程师、珠海御品空间装饰设计工程有限公司林文冲设计师、珠海国丽装饰工程有限公司李英鹏董事长、珠海市华浔品味装饰工程有限公司刘明荣工程师的大力支持，在此表示衷心的感谢。同时感谢课题组全体成员在行业和企业调研、课程建设等方面做出的大量工作。

由于编者水平所限，书中不妥之处，恳请广大读者批评指正。

编　者
2023 年 4 月

目　录

项目1　书房照明线路的安装与调试

项目学习目标

　·知识目标

　（1）掌握照明线路电气原理图和布线示意图的读图方法，学会正确识读照明线路电气原理图和布线示意图。

　（2）了解空气断路器、漏电保护断路器、单控开关、底盒、灯座、荧光灯、照明配电箱、线槽和导线等器件和电工材料的作用、分类、性能特点和使用场合等，掌握其安装规范和安装方法。

　（3）了解卷尺、90°角尺、万能角度尺、人字梯和手电钻等工具的作用和结构，掌握其使用方法和技巧。

　·能力目标

　（1）能够用万用表初步判断断路器、单控开关、荧光灯等器件的好坏。

　（2）能够根据照明线路电气原理图和布线示意图选择器件、材料和工具敷设PVC线槽，安装、调试和检测"一控一灯"照明线路。

　（3）能够运用本项目所学知识和技能解决生活中的实际问题。

　·素质目标

　（1）初步养成遵守安全操作规程，爱护设备、工具、量具，保护工作环境清洁的习惯。

　（2）初步形成安全操作、文明生产的规范意识和责任意识。

　·思政目标

　（1）践行社会主义核心价值观，增强大国自信、文化自信的爱国情感和社会责任感。

　（2）弘扬学一行、干一行、爱一行、专一行、精一行，坚持不懈，精雕细琢的敬业精神。

工作情境描述

　安装公司接到某小区用户的申报，需要在其住宅的书房内进行照明线路的安装，设计工程师已经按用户需求设计出施工图纸，请完成此项任务，施工图纸如图1-1所示。

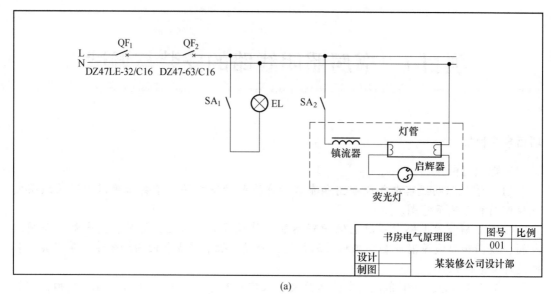

(a)

图 1-1　书房照明线路施工图纸

（a）电气原理图；（b）布线示意图

1.1　知识储备

1.1.1　识读施工图纸

　　照明电气线路的图纸有照明电气原理图、照明电气平面图、照明配电系统图、照明布线示意图以及照明器件安装位置示意图等，本项目设计工程师给出了照明电气原理图和照明布线示意图。

1.1.1.1 识读照明电气原理图

照明电气原理图是运用各种电气符号、图线表示照明电气系统中各组成部分之间的关系，只表示各器件之间的连接关系，不考虑其实际位置的一种简图。照明电气原理图便于了解电路的组成和分析电路工作原理，便于进行电路接线、电路测试和查找故障。识读照明电气原理图时，先认识照明电气原理图的符号，明确每个图形符号和文字符号所代表的意义，再分析各器件间的控制关系。该书房照明电气原理图如图 1-2 所示。

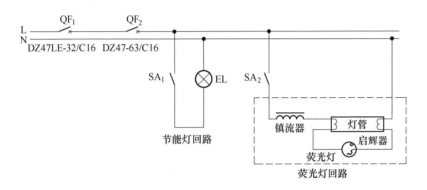

图 1-2　书房照明电气原理图

A　照明电气原理图常用的电气符号

电气符号包括图形符号和文字符号，国家标准《电气简图用图形符号》(GB/T 4728)规定了各种电气符号，照明电气原理图常用的电气符号见表 1-1。

表 1-1　常用的电气符号

名称	图形符号	文字符号	名称	图形符号	文字符号	名称	图形符号	文字符号
熔断器	▭	FU	断路器	✗	QF	照明灯	⊗	EL
单控开关	／	SA	双控开关	／	SA	接机壳、接地	⊥　⊥	GND
连接的导线、不连接的导线	⊕		空心线圈	∿	L	铁芯线圈	∿	L

B　书房照明线路工作原理

图 1-2 所示书房照明线路电气原理图的工作原理如下所述。

（1）节能灯回路：接通漏电保护断路器 QF_1 和空气断路器 QF_2，当接通开关 SA_1 时，瞬时电流从火线 "L" 依次流经 QF_1、QF_2、SA_1、EL 回到零线 "N" 形成回路，有电流流过节能灯 EL，节能灯发光；当断开开关 SA_1 时，无电流流过节能灯 EL，节能灯熄灭。

（2）荧光灯回路：接通漏电保护断路器 QF_1 和空气断路器 QF_2，当接通开关 SA_2 时，瞬时电流从火线"L"依次流经 QF_1、QF_2、SA_2、荧光灯管回到零线"N"形成回路，有电流流过荧光灯管，荧光灯发光；当断开开关 SA_2 时，无电流流过荧光灯管，荧光灯熄灭。

1.1.1.2 识读照明布线示意图

照明布线示意图是实训装置展开后的主视图，用不同的图形表示各器件，通过图例说明线管或线槽的型号和规格，直观反映各器件的安装位置和线槽、线管的布线走向等信息的图纸。

识读照明布线示意图时，先分析实训装置各面和顶部的关系，再识读各器件的安装位置和线槽、线管的规格、尺寸及走向等，图中尺寸单位为 mm。

本项目的照明布线示意图如图 1-3 所示。由该图可知，施工墙面宽 900mm、高 2050mm，实训装置深 800mm，在墙面安装了照明配电箱、开关、荧光灯，在顶部安装了一盏节能灯，采用 40mm×20mm 和 20mm×10mm 的线槽明敷布线。

其中，40mm×20mm 的线槽有 a、b、c、d 四段，a、b 两段之间是一个平面直角弯拼接，b、c 和 c、d 两段之间是一个平面任意角拼接，任意角的角度由 d 段的安装高度决定。20mm×10mm 的线槽共有 e、f、g、h 四段，e、d 两段之间是一个 T 形

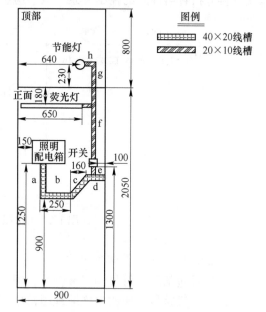

图 1-3 书房照明布线示意图

拼接，f、g 两段之间是一个内角拼接，g、h 两段之间是一个平面直角拼接。

1.1.2 了解施工现场

本项目使用电气安装与维修实训装置模拟施工现场，该实训装置由网孔板和立柱组成 A、B、C 三个墙面和顶部 D 面，其中，B 面分为 B_1 面和 B_2 面，如图 1-4 所示。框架整体由冷轧钢表面喷塑制作而成，能方便地对 PVC 管、线槽进行任意角度的安装，也可实现金属桥架、动力电源配电箱、照明配电箱、灯具及各种器件的安装。本项目的实训只需要使用设备的 1 个墙面和顶部，一套实训装置可以分成 4 个工位开展实训，分别是 A 面和顶部 D 面、B_1 面和顶部 D 面、B_2 面和顶部 D 面、C 面和顶部 D 面。

1.1.3 认识电工工具

1.1.3.1 卷尺

卷尺是电工常用的量具，卷尺由尺壳、尺条、尺钩、制动和提带等部件组成，如图 1-5 所示。

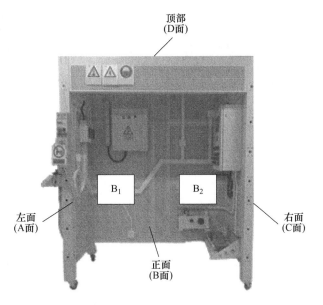

图 1-4　实训装置

扫一扫查看
视频 1-1

　　尺条用于测量物体的长度，制动用于锁定尺条以便读数，尺钩用于测量时钩住物体，卷尺各部件的使用方法如下：

　　（1）卷尺尺钩上有一个小洞，如图 1-6（a）所示。测量时将卷尺尺钩上的小洞卡入螺帽中，可以任何方向较精确地测量，如图 1-6（b）所示。

　　（2）卷尺尺钩上有锯齿，如图 1-7（a）所示。当测量木制品的长度时，如果没有画线工具，可以使用卷尺尺钩的锯齿在木制品上划出印子做标记，如图 1-7（b）所示。

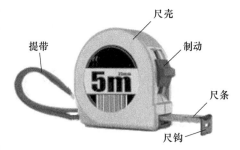

图 1-5　卷尺的组成

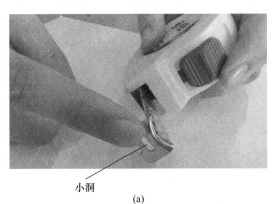

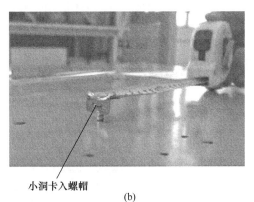

图 1-6　卷尺尺钩上小洞的使用方法

（a）卷尺尺钩上的小洞；（b）卷尺尺钩的小洞卡入螺帽中进行测量

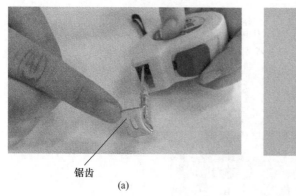
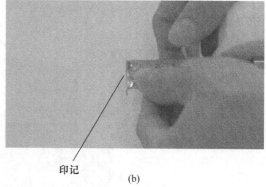

锯齿　　　　　　　　　　　　　　　印记

(a)　　　　　　　　　　　　　　　　(b)

图 1-7　卷尺尺钩上的锯齿的使用方法

（a）卷尺尺钩上的锯齿；（b）用尺钩的锯齿划出印子做标记

（3）卷尺尺壳上印有一个数字，如图 1-8（a）所示，这是卷尺的长度规格，即尺壳的长度。在测量时，当遇到拐弯处时，如图 1-8（b）所示，直接测量的读数为 1190mm，此测量结果存在一定误差；可以将尺条和尺壳放在同一平面上，如图 1-8（c）所示，尺条上的读数为 1120mm，尺壳的长度 68mm，测量结果为二者之和，即 1188mm，这种方法的测量结果更精确。

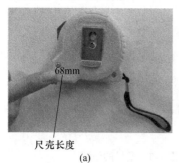
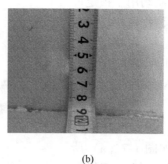
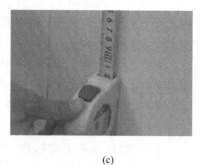

68mm

尺壳长度

(a)　　　　　　　　　　　　(b)　　　　　　　　　　　　(c)

图 1-8　卷尺外壳上的长度规格使用方法

（a）卷尺壳上的长度规格；（b）拐弯处直接测量；（c）尺条和尺壳放在同一平面上

（4）卷尺尺钩上的磁铁，如图 1-9 所示。当测量较长铁制物体时，可用卷尺尺钩上的磁铁吸住铁制物体，这种方法使用起来更加方便。

磁铁

图 1-9　卷尺尺钩上磁铁的使用方法

1.1.3.2 90°角尺

90°角尺简称为角尺，是检验和画线工作中常用的量具，用于检验工件的垂直度或检定仪器、机床纵向和横向导轨及工件相对位置的垂直度等。90°角尺由尺座和尺杆组成，二者形成90°和45°，如图1-10所示。

扫一扫查看
视频1-2

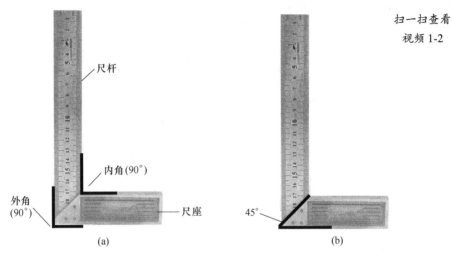

图1-10　90°角尺

（a）角尺的90°；（b）角尺的45°

在照明线路安装操作中，可使用90°角尺检查线槽切口的垂直度，或对线槽画45°切割线和90°切割线，使用方法如下。

（1）检查线槽切口的垂直度。将角尺的尺座与线槽侧面贴合，将角尺尺杆靠近线槽切口，根据透光间隙的大小和出现的间隙判断线槽切口的垂直度。如图1-11（a）所示，尺杆与线槽切口处有间隙，表示线槽切口的垂直度不良。

（2）画线槽的90°切割线。将角尺的尺座与线槽侧面贴合，用手握紧尺座以确保角尺与线槽成90°，角尺尺杆边即为线槽的90°切割线，如图1-11（b）所示。

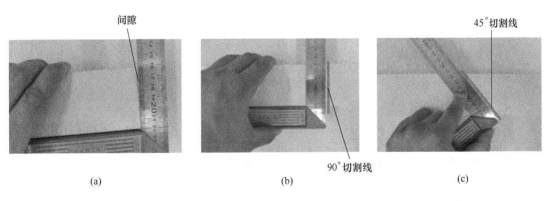

图1-11　90°角尺的使用方法

（a）线槽切口垂直度；（b）画90°切割线；（c）画45°切割线

（3）画线槽的 45°切割线。将角尺底座上的 45°边与线槽侧面贴合，用手握紧尺座以确保角尺与线槽成 45°，尺杆边即为线槽的 45°切割线，图 1-11（c）所示。

1.1.3.3　万能角度尺

万能角度尺又称为万能量角器，是电工常用的量具。万能角度尺由量角器、直尺和紧固螺母等组成，如图 1-12 所示。

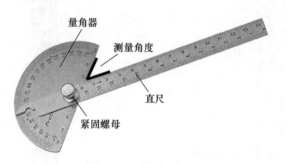

扫一扫查看
视频 1-3

图 1-12　万能角度尺

在照明线路安装操作中，使用万能角度尺对线槽画任意角的切割线及测量工件角，其使用方法如下。

（1）画线槽任意角度切割线。根据需要调整角度并拧紧螺母，如图 1-13（a）所示。量角器直边紧贴线槽边，沿着万能角度尺的直尺尺边画出任意角度切割线，如图 1-13（b）所示。

（2）测量工件角度。量角器直边与被测角一边紧密贴合，转动直尺使之与被测角另一边贴合，随后读取角度值，如图 1-14 所示。

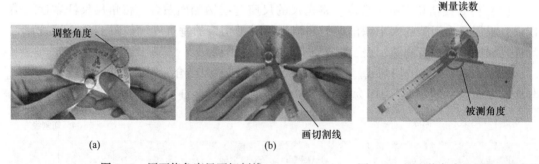

（a）　　　　　　　　　　　　　（b）

图 1-13　用万能角度尺画切割线
（a）调整角度，拧紧螺母；（b）画切割线

图 1-14　用万能角度尺测量工件角度

扫一扫查看
视频 1-4

1.1.3.4　人字梯

人字梯是电工作业的常用登高工具，它由铰链、梯梁、撑杆、踏板、梯脚等组成，如图 1-15 所示。

人字梯的使用注意事项如下。

（1）使用人字梯时，必须完全打开撑杆，四个梯脚与地面应完全接触，站在梯子一

图 1-15 人字梯

侧并面向梯子作业，如图 1-16（a）所示，不得双脚跨在人字梯的两侧。

（2）不得两人同时在一把人字梯上作业，如图 1-16（b）所示。

（3）作业时不得一脚站在梯子上，另一脚站在它处，如图 1-16（c）所示。

| (a) | (b) | (c) |

图 1-16 人字梯的使用注意事项

（a）正确做法；（b）错误做法 1；（c）错误做法 2

1.1.3.5 手电钻

手电钻是以交流电源或充电电池为动力的钻孔工具。使用充电电池的手电钻被广泛使用，其结构及各按键和部件功能如图 1-17 所示。

扫一扫查看
视频 1-5

手电钻的"钻头夹"安装钻头可用于钻孔。钻孔时，需把"力矩调节"调至"平钻功能"挡。手电钻的"钻头夹"安装批头可用于紧固或拆卸螺钉。操作时需按实际需要选择力矩，力矩数值越大，力矩越大，力矩数值越小，力矩越小。

充电式手电钻的使用注意事项如下：

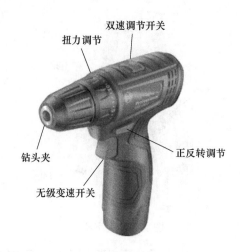

图 1-17　手电钻的按键及部件

（1）使用前应检查手电钻性能，按动开关让手电钻空转一阵，确保手电钻无异常声音、无异常气味、无过热现象等；

（2）使用时，应根据需要正确选择合适的力矩；

（3）对小工件钻孔或紧固螺钉时，必须借助夹具夹紧工件，并使用双手操作；

（4）按使用说明书要求定期充电，避免电量耗尽再充电。

1.1.4　认识器件及电工材料

1.1.4.1　空气断路器

空气断路器又称为自动空气开关，简称空气开关，可接通和分断电路，也可用于控制不频繁启动的电动机。空气断路器对电路或用电设备起短路、过载、欠压等保护作用。

扫一扫查看
视频 1-6

A　空气断路器的分类及符号

空气断路器按主电路极数分为单极（1P）、二极（2P）、三极（3P）、四极（4P），其外形和符号如图 1-18 所示；按结构形式分为万能式、塑壳式和小型模数式；按用途分为照明用空气断路器、电动机保护用空气断路器等。

B　空气断路器的型号及含义

DZ 系列的空气断路器是常用的空气断路器，常见有 C 型和 D 型两种。其中，C 型空气断路器用于建筑照明线路保护，瞬时脱扣电流为 5~10 倍额定电流；D 型空气断路器用于电动机及动力线路保护，瞬时脱扣电流为 10~20 倍额定电流。

型号为"DZ47-60 C6"的空气断路器，"DZ"表示塑壳式断路器，"47"表示设计代号，"60"表示壳架额定电流为 60A，"C"表示 C 型空气断路器，用于建筑照明线路保护，"6"表示额定电流为 6A。

在选用断路器时，应选择断路器的额定电流不小于被控线路或设备的工作电流。

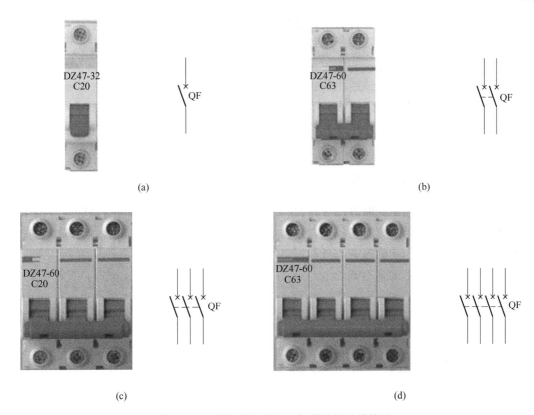

图 1-18　不同极数的低压空气断路器及其符号

（a）单极（1P）空气断路器及其符号；（b）二极（2P）空气断路器及其符号；

（c）三极（3P）空气断路器及其符号；（d）四极（4P）空气断路器及其符号

C　空气断路器内部结构及其工作原理

空气断路器主要由触点和灭弧装置、各种脱扣器与操作机构、自由脱扣机构三部分组成，其中，各种脱扣器包括过流脱扣器、欠压（失压）脱扣器和热脱扣器等，图 1-19 中有过流和欠压两种脱扣器。空气断路器的主触点靠操作机构接通和分断电路。

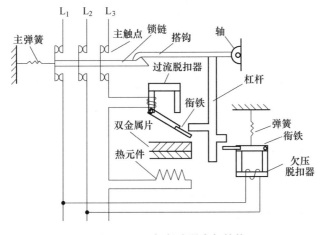

图 1-19　空气断路器内部结构

在电路正常工作情况下，过流脱扣器的衔铁处于释放状态，当电路发生严重过载或短路故障时，与主电路串联的线圈产生较强的电磁吸力把衔铁往上吸引，通过杠杆把搭钩顶开，锁链受主弹簧的拉力复位，使主触点断开，实现对电路过载或短路保护。

欠压脱扣器的工作与过流脱扣器相反，在电路电压正常时，欠电压脱扣器受电磁吸力作用吸住衔铁，主触点才得以闭合。当电压严重下降或断电时，欠电压脱扣器的衔铁被释放，使主触点断开。当电源电压恢复正常时，必须重新合闸后才能工作，实现对电路欠压或失压保护。

1.1.4.2　漏电保护断路器

漏电保护断路器又称为漏电保护开关，用于接通和断开电源，具有过载保护、短路保护、欠压保护和漏电保护等功能。当人体触电或电路泄漏电流超过规定值时，漏电保护断路器能迅速切断电源，起到保护人身及用电设备安全的作用。

A　漏电保护断路器的分类

漏电保护断路器按极数分为单极（1P＋N）、二极（2P）、三极（3P＋N）和四极（4P），其外形如图 1-20 所示。

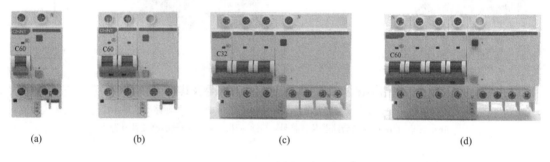

(a)　　　　　　　　(b)　　　　　　　　(c)　　　　　　　　(d)

图 1-20　不同极数的漏电保护断路器
(a) 单极（1P+N）；(b) 二极（2P）；(c) 三极（3P+N）；(d) 四极（4P）

B　漏电保护断路器的型号及含义

漏电保护断路器是在塑壳式空气断路器上外加一个能检测漏电电流的零序电流互感器和漏电脱扣器组成漏电保护装置，面板上有开关手柄、复位按钮、试验按钮，如图 1-21 所示。

型号为"DZ47LE-63 C60"的漏电保护断路器，"DZ"表示塑壳式断路器，"47"表示设计代号，"LE"表示电子式漏电保护断路器，"63"表示壳架额定电流为 63A，"C60"表示额定电流为 60A 的 C 型空气断路器，漏电保护断路器上标注的"$I_{\Delta n}$ 0.03A"和"$t \leqslant 0.1s$"，分别表示"保护动作电流为 30mA"和"漏电保护断路器的动作时间小于或等于 0.1s"，即当线路的漏电电流大于或等于 30mA 时，漏电保护断路器在 0.1s 内动作，从而起到保护人身安全的作用。

C　漏电保护断路器的内部结构及工作原理

漏电保护断路器的工作原理图如图 1-22 所示，它由零序电流互感器 ZCT、放大器 A、漏电脱扣器、试验按钮等几个主要部分组成。

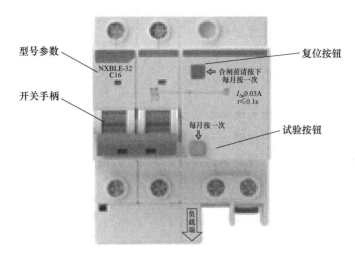

图 1-21　漏电保护断路器

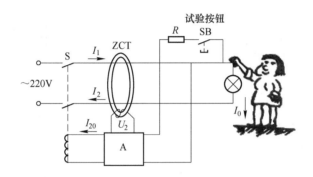

图 1-22　漏电保护器的工作原理图

在正常情况下，线路或用电设备等无漏电现象，即流过人体的电流 $I_0 = 0A$，所以 $I_1 = I_2$，即流进零序互感器 ZCT 的电流和流出的电流相等。在零序电流互感器 ZCT 内形成的磁通 $\Phi_0 = 0Wb$，二次回路没有输出，即 $U_2 = 0V$，放大器 A 的输出电流 $I_{20} = 0A$，漏电脱器不动作，主开关 S 保持在闭合状态，以保证正常供电。

当线路或用电设备等有漏电或人体触电时，通过人体的电流 $I_0 \neq 0A$，因为 $I_1 = I_2 + I_0$，所以 $I_1 \neq I_2$，在零序电流互感器 ZCT 内形成了磁通 $\Phi_0 \neq 0Wb$，其二次回路输出电压 $U_2 \neq 0V$，放大器 A 输出电流 $I_{20} \neq 0A$，该电流带动漏电脱扣器动作，使开关 S 断开，切断线路的供电，从而实现保护作用。只有当漏电或触电消除后，按下复位按钮使脱扣器复位，再合上开关，才能继续使用。

1.1.4.3　照明配电箱

照明配电箱是用于安装漏电保护断路器和空气断路器，实现对住宅电源集中控制的装置。照明配电箱由箱体、导轨、保护接地线汇流排、中性线（零线）汇流排和面板组成，如图 1-23 所示。

扫一扫查看
视频 1-7

照明配电箱的类型很多，从材料分有金属和阻燃塑料两种；从安装方式分有暗装和明装两种；按回路数分为 6 回路、8 回路、12 回路等。照明配电箱的安装方法及步骤如下。

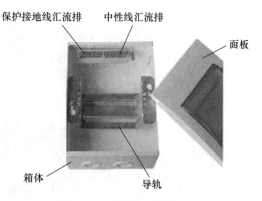

图 1-23　照明配电箱结构

（1）配电箱开孔。根据施工图纸确定照明配电箱电源进线和出线的位置，对照明配电箱进行开孔。开孔有两种方法：其一，用铁锤和螺丝刀把预留孔挡板敲落，如图 1-24（a）所示；其二，用手电钻和开孔器进行开孔，先把配电箱固定好，再进行开孔操作，如图 1-24（b）所示。

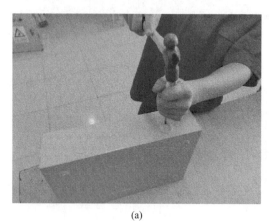
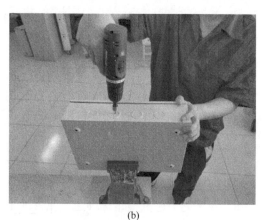

(a)　　　　　　　　　　　　　　　(b)

图 1-24　配电箱开孔

（a）用铁锤和螺丝刀敲落预留孔挡板；（b）用手电钻和开孔器钻孔

（2）画线定位。根据施工图纸的安装尺寸要求，在施工墙面量取安装位置尺寸，如图 1-25（a）所示。在施工墙面标记出照明配电箱的安装位置，如图 1-25（b）所示。

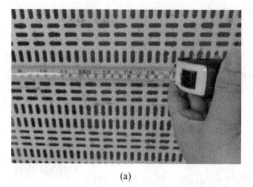
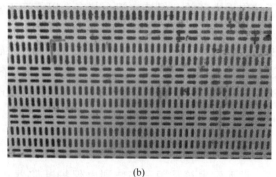

(a)　　　　　　　　　　　　　　　(b)

图 1-25　使用卷尺画线定位

（a）使用卷尺量取安装位置尺寸；（b）使用有色笔在安装墙面上做标记

（3）安装箱体。一只手托着照明配电箱，使各边对准标记线的位置；另一只手安装固定螺钉，安装螺钉时要先装箱体对角的两颗螺钉，再安装剩余两颗螺钉。注意螺钉不要一次上紧，以便调整箱体使之符合图纸尺寸要求，如图 1-26 所示。安装完成后需检查箱体是否紧贴墙面、牢固、端正。

图 1-26　安装箱体

（4）安装断路器。安装前应先检查断路器的型号，确保与图纸上标的型号相同，扳动手柄通断多次，确保手柄动作灵活，按总开关安装在最左边，分开关依次向右边排开的原则安装。断路器有卡扣式或锁扣式两种，安装带卡扣的断路器时，先把断路器下端卡扣卡在导轨上，往上推，再把上端卡口扣压入导轨，如图 1-27 所示；安装带锁扣的空气断路器时，需用小螺丝刀轻轻把 4 个锁扣拉出，如图 1-28（a）所示；把空气断路器放入导轨，如图 1-28（b）所示；再把锁扣按入扣位锁紧，如图 1-28（c）所示。在无明确要求时，断路器应垂直安装，倾斜度不得大于 5°，分断时手柄在下方，合闸时手柄在上方。

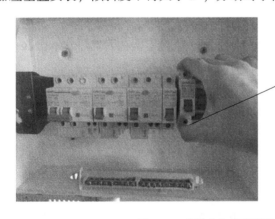

先把下端卡扣卡在导轨上，往上推，再把上端卡口扣入导轨

图 1-27　安装卡扣式断路器

（5）断路器接线。根据施工图纸选择线径，按规范选择线色，火线"L"选用红色线，零线"N"选用蓝色线，地线"PE"选用黄绿双色线。电源线接断路器的输入端，负荷接断路器的输出端，断路器标有"N"的接线端子接零线，如图 1-29 所示。检查漏电保护断路器时，不得用绝缘电阻表在断路器的负荷侧测量绝缘电阻，防止绝缘电阻表的高压击穿漏电保护断路器，应待线路全部接好后用万用表检查。

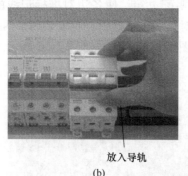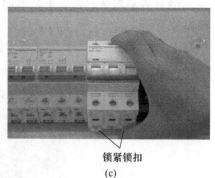

拉出锁扣　　　　　　　　放入导轨　　　　　　　　锁紧锁扣

　(a)　　　　　　　　　　　　　　　　　　　　　　(c)

图 1-28　安装锁扣式断路器

（a）用小螺丝刀把锁扣拉出；（b）把断路器放入导轨；（c）把锁扣按入扣位锁紧

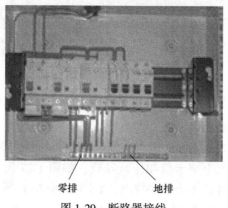

零排　　　　　　　地排

图 1-29　断路器接线

扫一扫查看
视频 1-8

1.1.4.4　开关

开关是控制用电器通路和断路的器件。照明线路中的开关是指开关面板，开关面板需安装在底盒上使用，常用的开关分为单控开关和双控开关。

A　单控开关的分类及原理图符号

照明线路中最常用的开关是单控开关，开关面板上的开关数量称为"位"或"极"，按开关的位数分为一位开关、两位开关和三位开关等。常见的单控开关如图 1-30 所示，一位单控开关正面有 1 个翘板，背面有 2 个接线端；两位单控开关正面有 2 个翘板，背面有 3 个端子，其中一个为公共端，另外两个为接线端。

B　单控开关的接线端识别与检测

单控开关的接线端可通过开关背面的标识符进行识别。一位单控开关只有两个接线端，标记为 L 和 L_1，如图 1-31（a）所示，其内部结构示意图如图 1-31（b）所示。检测时用万用表欧姆挡测量开关两个接线端 L 与 L_1，在开关接通和断开状态下的电阻分别为 0Ω 和无穷大（∞Ω），且开关灵活可靠，表示开关完好。

两位单控开关有 3 个端子，如图 1-31（c）所示，L 表示公共端，L_1 表示第一个开关的接线端，L_2 表示第二个开关的接线端，其内部结构示意图如图 1-31（d）所示。检测时用万用表欧姆挡分别测量第一个开关的 L 与 L_1、第二个开关的 L 与 L_2，在开关接通和断

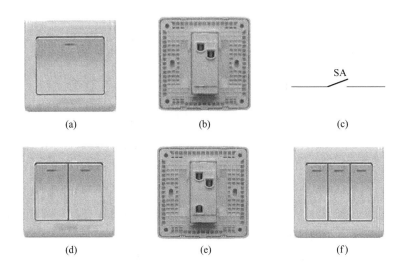

图 1-30　单控开关

（a）一位单控开关正面；（b）一位单控开关背面；（c）单控开关原理图符号；

（d）两位单控开关正面；（e）两位单控开关背面；（f）三位单控开关正面

开状态下的电阻分别为 0Ω 和无穷大（$\infty\ \Omega$），且开关灵活可靠，表示开关完好。

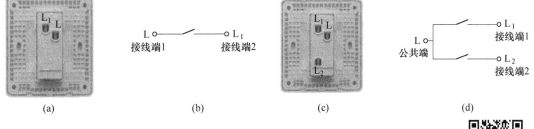

图 1-31　单控开关背面标识符及其内部结构示意图

（a）一位单控开关背面标识符；（b）一位单控开关内部结构示意图；

（c）两位单控开关背面标识符；（d）两位单控开关内部结构示意图

扫一扫查看

视频 1-9

1.1.4.5　底盒

在照明线路中，关开面板和插座面板均需安装在底盒上使用，底盒有防火、防触电、防止小动物损伤导线等作用。

A　底盒的分类

底盒按安装方式分为明装底盒和暗装底盒。

（1）明装底盒。明装底盒直接装在墙体表面，通过线管或线槽把导线封起来，简单、安全、方便改动。明装底盒分为线槽专用底盒和线管专用底盒，线槽专用底盒和线管专用底盒的预留挡片分别是方形和圆形，如图 1-32 所示。

（2）暗装底盒。在建筑施工过程中把暗装底盒安装在墙体内，装修快完成时才把开关或插座面板安装到底盒上，施工完成后只看到开关或插座面板，美观，安全不占空间。

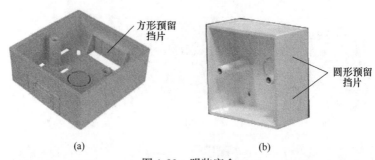

图 1-32 明装底盒

（a）明装线槽专用底盒；（b）明装线管专用底盒

暗装底盒结构如图 1-33 所示，暗装底盒应尽量使用预留孔开孔，没用上的预留孔其挡片不能随意破坏，以免破坏底盒的密封性。

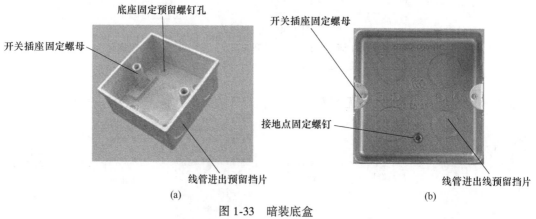

图 1-33 暗装底盒

（a）PVC 暗装式底盒结构；（b）金属暗装式底盒结构

B 底盒的规格与尺寸

底盒的规格有 86 型和 118 型，86 型底盒长和宽尺寸是 86mm×86mm，118 型底盒长和宽尺寸是 118mm×74mm，尺寸如图 1-34 所示。底盒的深度有标准型和加深型，标准型底盒深度为 35mm，加深型底盒深度有 50mm、60mm、70mm，加深型底盒内部空间更大，便于底盒开孔和接线。

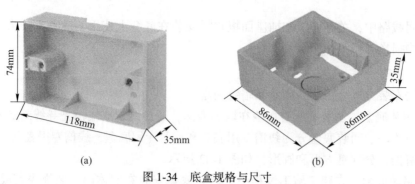

图 1-34 底盒规格与尺寸

（a）118 型标准型底盒尺寸；（b）86 型标准型底盒尺寸

C 线槽专用底盒开孔

底盒安装前要根据布线示意图提前在底盒上开出相应的线槽孔，未使用到的预留孔不能破坏。

（1）使用底盒预留孔开孔。当线槽的安装位置与底盒预留孔位置相符时，应使用底盒预留孔开孔。开孔时，使用钢丝钳夹住挡板，上下用力掰开挡板即可，如图1-35所示。

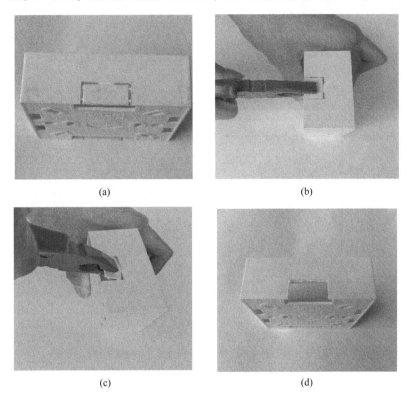

图1-35 用底盒预留孔开孔
（a）找到明装盒预留口挡板；（b）用钢丝钳夹住预留口挡板；
（c）上下用力掰开挡板；（d）完成后的效果

（2）不使用底盒预留孔开孔。当线槽的安装位置与底盒预留孔位置不符时，须根据需要在底盒上画出槽口的切割线，用钢锯沿底盒画线锯开两边槽口，使用电工刀用力沿槽口底边画线反复划动，待槽口底边将断时使用钢丝钳掰开槽口，用锉刀修整槽口，如图1-36所示。

1.1.4.6 灯泡及灯管

住宅照明常用灯泡和灯管，其常见光源有LED和荧光灯。

住宅照明的灯泡通常为E27螺口，图1-37（a）所示的是E27螺口LED灯泡，图1-37（b）所示的是E27螺口荧光灯，"E"表示螺口，"27"表示外径为27mm，它们均需安装在E27螺口灯座上使用。E27螺口灯座有两个接线端，一个接线端连接灯座的中心弹片，须接火线"L"，另一接线端连接灯座螺纹，须接零线"N"，如图1-37（c）所示。

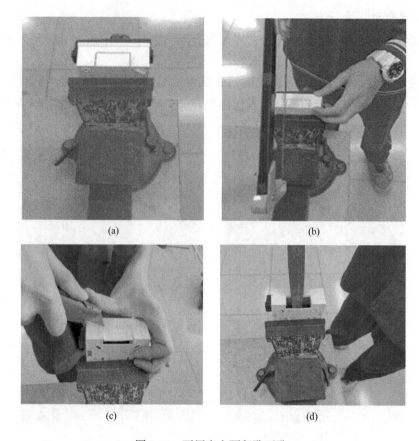

图 1-36　不用底盒预留孔开孔

（a）画出槽口的开口位置和大小；（b）用钢锯锯开槽口；
（c）用电工刀沿槽口底边划开槽口；（d）用锉刀按画线修整槽口

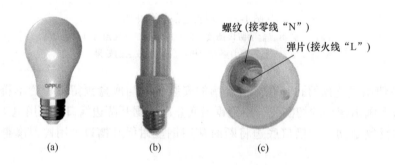

图 1-37　E27 螺口灯泡及灯座

（a）E27 螺口 LED 灯泡；（b）E27 螺口荧光灯；（c）E27 灯座

　　住宅照明的灯管规格有 T5 和 T8，"T"表示管状灯，后面的数字表示灯管同侧两管脚的间距，T5 灯管同侧管脚距离为 5mm，灯管的直径是 16mm；T8 灯管同侧管脚距离是 8mm，灯管的直径是 25.4mm。灯管需安装在对应的灯座上使用，T8 灯管及灯座如图 1-38 所示。灯管的光源有荧光灯管和 LED 灯管两种，荧光灯管需配合电感式镇流器和辉光启动器使用，或者配合电子式镇流器使用；LED 灯管内置恒流驱动器或稳压器，可直接接入 220V 电源使用。

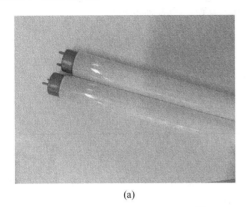
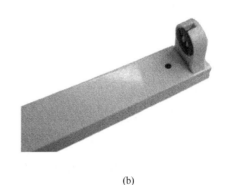

(a)　　　　　　　　　　　　　　　　　　　　　(b)

图 1-38　T8 灯管及灯座

（a）T8 灯管；（b）T8 灯座

1.1.4.7　PVC 线槽

PVC 线槽即聚氯乙烯线槽，又称为塑料线槽，具有绝缘、防弧、阻燃、自熄等特点。塑料线槽布线是室内线路明敷布线的一种常用方式，布线时把绝缘导线敷设在线槽内，盖上线槽盖板。PVC 线槽分为矩形线槽、弧形线槽和带齿线槽，如图 1-39 所示。沿室内墙面或房顶敷设线路时，应选用矩形 PVC 线槽，沿室内地面敷设线路时，应选用弧形 PVC 线槽，工业上一般选用带齿 PVC 线槽。

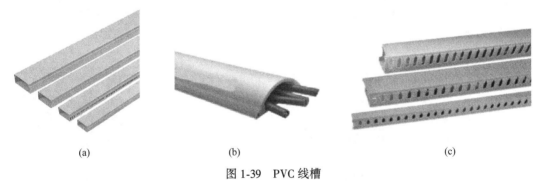

(a)　　　　　　　　　　　　(b)　　　　　　　　　　　　(c)

图 1-39　PVC 线槽

（a）矩形 PVC 线槽；（b）弧形 PVC 线槽；（c）带齿 PVC 线槽

A　PVC 线槽的规格

PVC 线槽的规格很多，按线槽的厚度分为 A 型（加厚型）和 B 型（普通型），线槽截面的宽×高的规格有 20mm×10mm、25mm×15mm、40mm×20mm、50mm×30mm、60mm×30mm、60mm×40mm、100mm×50mm 等。

B　PVC 线槽的选择

如果施工图纸有明确标注线槽规格则按图纸的线槽规格施工，如果施工图纸无标注，应按照表 1-2 中的线槽允许容纳的导线数量和导线的截面积确定线槽规格和型号。

表 1-2　部分 VXC2 线槽最大允许容纳导线数量

最大有效容线比	A×33%			
导线规格	500V-BV、BLV 型绝缘导线截面积/mm²			
	1.0	1.5	2.5	4.0
线槽型号	容纳导线数量/根			
VXC2-25	9	5	4	3
VXC2-30	19	10	9	7
VXC2-40		14	12	9
VXC2-50			15	11

C　PVC 线槽的切割

线槽可以使用钢锯、专用剪刀或电动切割机进行切割。使用钢锯切割线槽时，可在台虎钳上固定线槽或在工作台上用手固定线槽后进行切割。在台虎钳上切割 45°线槽如图 1-40 所示，在工作台上切割任意角度线槽如图 1-41 所示。

扫一扫查看
视频 1-10

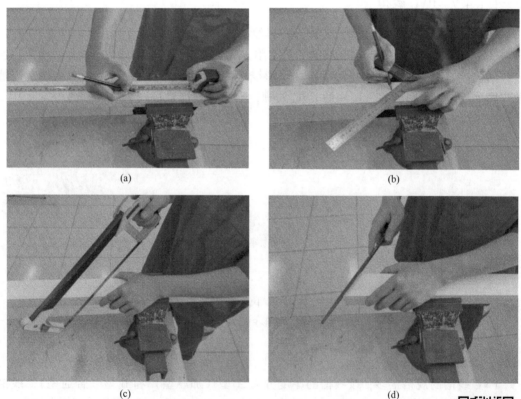

(a)　　　　　　　　　　　　(b)

(c)　　　　　　　　　　　　(d)

图 1-40　在台虎钳上切割 45°线槽

（a）固定线槽，量出需切割的线槽长度并标记；（b）使用 90°角尺，在线槽的 3 个面画出切割线；（c）扶稳线槽，用钢锯沿切割线切断线槽；（d）用锉刀修整线槽断口毛刺

扫一扫查看
视频 1-11

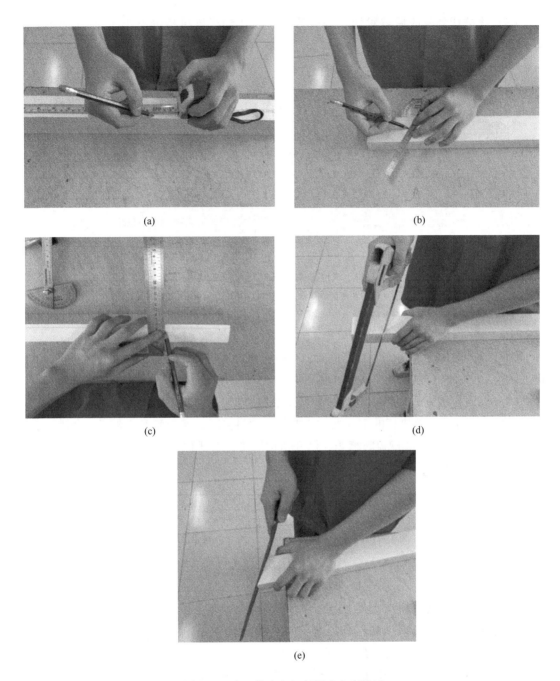

(a)　　　　　　　　　　　　　(b)

(c)　　　　　　　　　　　　　(d)

(e)

图 1-41　在工作台上切割任意角度线槽

（a）用卷尺量出需切割的线槽长度并标记；（b）使用万能角度尺，在线槽上画出所需角度切割线；
（c）使用 90°角尺，在线槽另两面也画出切割线；（d）用手按稳线槽，用钢锯沿切割线切断线槽；
（e）用锉刀按角度要求修整线槽断口毛刺

线槽的切割质量直接影响线槽拼接工艺效果，切割线槽时应注意以下几点：

（1）选择与身高合适的工作台进行切割线槽，以便操作；

（2）固定线槽时，线槽离工作台边缘不宜过长，以免固定不稳；

（3）线槽切割完成后需对切口进行修整，以达到线槽拼接缝隙小于 1mm 的工艺要求，如图 1-42 所示。

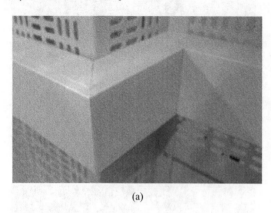
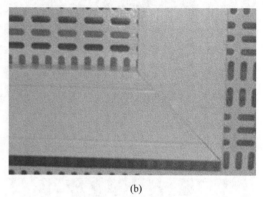

（a）　　　　　　　　　　　　　　　　　　　（b）

图 1-42　线槽拼接缝隙小于 1mm 的效果图
（a）线槽外角拼接效果；（b）线槽平面直角拼接效果

D　PVC 线槽的拼接方式

PVC 线槽的拼接方式分为直通拼接、平面直角转弯拼接、内角拼接，外角拼接，T 形槽拼接等，安装时需根据施工图纸和施工现场灵活应用。

（1）直通拼接方式。PVC 线槽作平面安装操作时，如遇线槽不够长，需对线槽进行直通拼接。为保证线槽拼接的牢固性，线槽作直通拼接时，槽盖和槽底要有一个错开拼接口的长度 L，以保证安装槽盖时槽盖与槽底错位拼接，错开拼接口的长度 L 约为线槽宽度的一半，如图 1-43 所示。

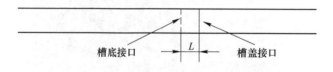

槽底接口　　　　L　　　　槽盖接口

图 1-43　PVC 线槽直通拼接方式

（2）平面直角转弯拼接方式。PVC 线槽作平面安装时，如果遇到线槽的直角转弯，需在两段线槽各自的拼接端先锯出 45° 的切口，然后进行拼接，如图 1-44 所示。

（3）内角拼接方式。当敷设 PVC 线槽遇到墙内角时就要用到线槽的内角拼接方式，线槽的内角拼接方式分 45° 拼接和直角叠合拼接两种方式。45° 内角拼接时，在两段线槽侧面作 45° 切割后进行拼接，如图 1-45（a）所示，这种拼接方式更加美观，推荐使用 45° 内角拼接方式；直角叠合拼接方式只需两段线槽分别作 90° 切割后，直接叠合接口，如图 1-45（b）所示。

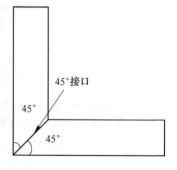

45° 接口

45°

45°

图 1-44　PVC 线槽平面直角
转弯拼接方式

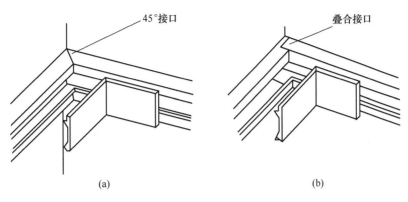

图 1-45　PVC 线槽内角拼接方式

（a）45°内角拼接；（b）直角叠合拼接

（4）外角拼接方式。当敷设线槽遇到房屋的柱、梁或者墙面外角转弯时，需用线槽的外角拼接方式。线槽的外角拼接方式分为 45°拼接方式和直线拼合方式。直角叠合拼接方式只需两段线槽分别作 90°切割后，直接叠合接口，如图 1-46（a）所示；45°外角拼接时，在两段线槽侧面作 45°切割后进行拼接，如图 1-46（b）所示。

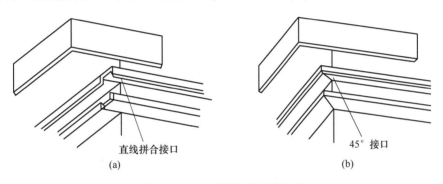

图 1-46　PVC 线槽外角拼接方式

（a）直角叠合拼接；（b）45°外角拼接

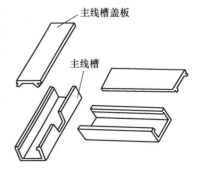

图 1-47　T 形槽拼接方式

（5）T 形槽拼接方式。当敷设线槽遇到需从某段线槽中间连接线槽时，就形成 T 形槽连接。相同规格的线槽作 T 形拼接时，要在主线槽上开口，然后再进行拼接，如图 1-47 所示。不同规格的两段线槽 T 形拼接时，需在大线槽中开一个矩形孔，如图 1-48（a）所示，然后将小槽插入矩形孔中进行拼接，如图 1-48（b）所示，拼接效果如图 1-48（c）所示。

　　E　PVC 线槽的固定

　　固定 PVC 线槽时，要求槽底紧贴建筑物表面，布置合理，横平竖直，线槽的水平度与垂直度允许误差应小于 5mm，以达到美观的目的。

　　不同规格的线槽，其固定点间距不同，一般不大于表 1-3 中的间距。固定宽度为 20～

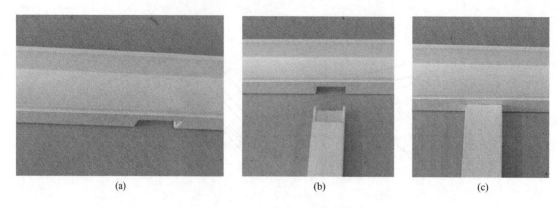

图 1-48　不同规格 T 形槽拼接方式

（a）大线槽中开一个矩形孔；（b）将小线槽插入矩形孔中；（c）拼接效果

40mm 的线槽时，可用螺钉沿线槽中心线每隔 0.5m 固定，线槽端部固定点距线槽端点应小于 50mm；固定宽度为 60mm 的线槽时，用螺钉在线槽两侧固定。

表 1-3　线槽固定点间距

线槽宽度/mm	20~40	60	
固定点形式	$L = 0.5\text{m}$	$L = 1.0\text{m}$	$L_1 = 0.5\text{m}$，$L_2 = 1.0\text{m}$

固定线槽前，应从始端到终端在墙壁或房顶上找好水平或垂直线，用粉袋沿墙壁等处弹出线路的中心线，并根据线槽定点的间距要求，标出线槽的固定点。固定线槽时，应先固定两端再固定中间，注意要保证线槽紧贴建筑物表面。

F　PVC 线槽敷设的质量要求

线槽敷设完成后应符合以下要求。

（1）线槽应紧贴建筑物的表面敷设，且平直整齐；多条槽板并列敷设时，线槽之间应紧密排列，无明显缝隙。

（2）线槽内的导线、电缆不得有接头，导线的分支接头应在接线盒内进行；盖板不应挤伤导线的绝缘层。

（3）线槽与各种器件的底座连接时，导线应留有余量，底座应压住线槽端部。

（4）强电、弱电或其他不同电压等级的电线路不应同时敷设在同一条线槽内，同一路径且无抗干扰要求的线路，尽可能敷设在同一线槽内。

（5）在线路的分支处应采用相应的线槽分线箱。线槽槽盖与各种附件相对接时，接缝处应严密平整、无缝隙，槽盖及附件应无扭曲和变形。

（6）线槽敷设完毕，线槽表面应清洁无污染，在安装线槽的过程中应注意保持墙面清洁。

1.1.4.8 导线

室内线路的电源有单相220V和三相380V，不论是220V供电电源还是380V供电电源，导线均应采用耐压500V的绝缘电线。耐压250V的聚氯乙烯塑料绝缘软电线（俗称胶质线或花线），只能用作吊灯用导线，不能用于布线。

A 导线颜色的选择

敷设导线时，相线（火线）L、中性线（零线）N和保护接地线（地线）PE应采用不同颜色的导线。导线颜色的相关规定见表1-4。

表1-4 导线颜色的相关规定

类 别	颜色标志	线 别	备 注
一般用途导线	黄色	相线，L_1 相	U 相
	绿色	相线，L_2 相	V 相
	红色	相线，L_3 相	W 相
	浅蓝色	零线或中性线	
保护接地（接零）	黄绿双色	保护接地（接零）	颜色组合
中性线（保护零线）		中性线（保护零线）	
二芯（供单相电源用）	红色	相线	
	浅蓝色	零线	
三芯（供单相电源用）	红色	相线	
	浅蓝色（或白色）	零线	
	黄绿双色（或黑色）	保护零线	
三芯（供三相电源用）	黄、绿、红色	相线	无零线
四芯（供三相四线制电源用）	黄、绿、红色	相线	
	浅蓝色	零线	

B 导线截面的选择

导线的截面积以 mm^2 为单位，导线的截面积越大，允许通过的安全电流越大。在同样的使用条件下，铜导线比铝导线可以小一号。

在选择导线的截面积时，主要是根据导线的安全载流量来选择导线的截面积，同时还要考虑导线的机械强度。有些负荷小的设备，虽然选择很小的截面积就能满足允许电流的要求，但还必须查看是否满足导线机械强度所允许的最小截面。如果这项要求不能满足，就要按导线机械强度所允许的最小截面重新选择。

1.1.5 认识安全标志

安全标志分为颜色标志和图形标志。为保证安全用电，必须严格按有关标准使用颜色标志和图形标志。

1.1.5.1　颜色标志

颜色标志常用来区分各种不同性质和不同用途的导线，或用来表示某处安全程度。我国安全色采用的标准与国际标准草案（ISD）相同，一般采用的安全色有以下几种：

（1）红色，用来标志禁止、停止、消防，如信号灯、信号旗、机器上的紧急停机按钮等，都是用红色来表示禁止的信息；

（2）黄色，用来标志注意危险，如当心触电、注意安全等；

（3）绿色，用来标志安全无事，如在此工作、已接地等；

（4）蓝色，用来标志强制执行，如必须戴安全帽等；

（5）黑色，用来标志图像、文字符号和警告标志的几何图形。

此外，按照规定，为便于识别，防止误操作，确保运行和检修人员的安全，采用不同颜色来区别设备特征。例如，电气母线的 U 相为黄色，V 相为绿色，W 相为红色。

1.1.5.2　图形标志

图形标志是用直观的图形配文字说明，用于警告人们不要去接近有危险的场所。常见的用电安全标志见表 1-5。

表 1-5　常见用电安全标志

名　称	悬挂处	颜　色	标　志
禁止合闸有人工作	一经合闸即可送电到施工设备的断路器和隔离开关操作把手上	白底，红色圆形斜杠，黑色禁止标志符号	禁止合闸　有人工作
禁止合闸线路有人工作	线路断路器和隔离开关操作把手上	白底，红色圆形斜杠，黑色禁止标志符号	禁止合闸　线路有人工作

名　称	悬 挂 处	颜　色	标　志
禁止分闸	接地刀闸与检修设备之间的断路器操作手柄上	白底，红色圆形斜杠，黑色禁止标志符号	
止步 高压危险	施工地点临近带电设备的遮拦上、室外工作地点的围栏上、禁止通行的过道上、室外构架上、工作地点临近带电设备的横梁上	白底，黑色三角形及标志符号，衬底为黄色	
禁止攀登 高压危险	低压配电装置构架的爬梯上，变压器、电抗器等设备的爬梯上	白底，红色圆形斜杠，黑色禁止标志符号	
从此上下	工作人员可以上下的铁架、爬梯上	衬底为绿色，中间有白圆圈	

续表 1-5

名　称	悬挂处	颜　色	标　志
从此进出	室外工作地点围栏的出入口处	衬底为绿色，中间有白圆圈	从此进出
在此工作	工作地点或检修设备上	衬底为绿色，中间有白圆圈	在此工作

1.2　施工过程

1.2.1　现场施工前准备

　　现场施工前准备包括识读施工图纸、到现场作实地勘查，了解施工现场的地理位置和面积及空间大小、清理施工现场的杂物，在总开关处挂放安全标志，准备施工所需器件和材料及电工工具等，施工人员必须穿好整齐工作服和绝缘鞋，佩戴好安全帽，如图 1-49 所示。

扫一扫查看
视频 1-12

(a)　　　　　　　　　　　　(b)　　　　　　　　　　　　(c)

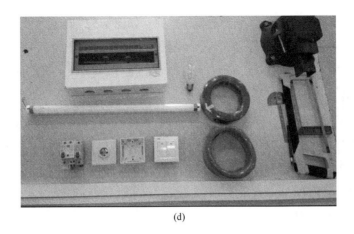

(d)

图 1-49　现场施工前设备准备

（a）识读施工图纸；（b）勘查现场；（c）整理施工现场，挂放安全标志；（d）准备施工所需的器件和材料

1.2.2　画线定位和固定器件

（1）根据施工图纸，在施工墙面标注各器件的定位线，如图 1-50 所示。

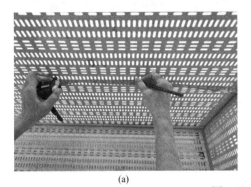

(a)

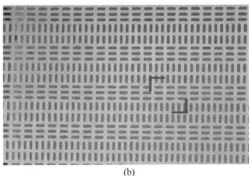

(b)

图 1-50　画线定位

（a）用卷尺量取定位尺寸；（b）在墙面标记安装位置

（2）根据图纸安装位置尺寸，对照明配电箱和底盒开孔，如图 1-51 所示。

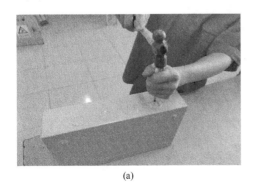

(a)

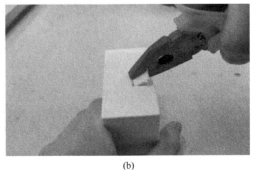

(b)

图 1-51　照明配电箱和底盒开孔

（a）照明配电箱开孔；（b）底盒开孔

（3）固定照明配电箱、底盒和荧光灯等器件，如图 1-52 所示。

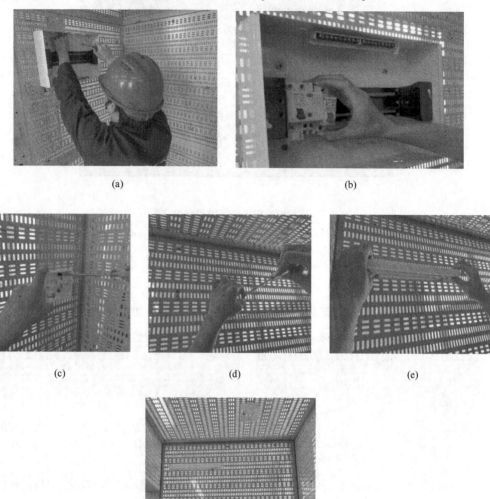

图 1-52　固定照明配电箱、底盒和荧光灯

（a）固定照明配电箱；（b）安装断路器；（c）固定底盒；

（d）固定荧光灯卡扣；（e）固定荧光灯；（f）完成全部器件固定的效果

1.2.3　敷设线槽

（1）按布线示意图计算线槽长度和角度并切割线槽，如图 1-53 所示。

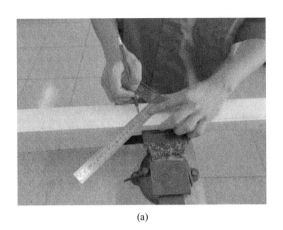 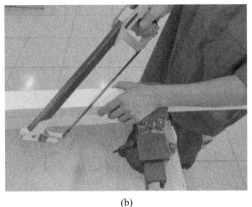

(a)　　　　　　　　　　　　　　(b)

图 1-53　切割线槽

（a）在线槽上画出切割线；（b）用钢锯沿切割线切断线槽

（2）按固定线槽的螺钉间距要求固定线槽，如图 1-54 所示。

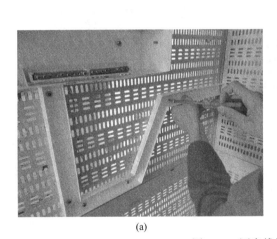 

(a)　　　　　　　　　　　　　　(b)

图 1-54　固定线槽

（a）固定线槽；（b）完成线槽固定的效果

1.2.4　敷设导线和接线

正确选择导线类型和截面积，按施工图纸连接线路，按工艺要求完成照明配电箱内开关的接线，如图 1-55 所示。放线时先将导线放开抻直，从始端到终端边放边整理，导线要理直，不得有挤压、打绞、扭结和受损等现象，导线进入配电箱或底盒时需留有一定余量。

1.2.5　器件接线

把开关与线路连接，照明配电箱内器件与线路连接，如图 1-56 所示。

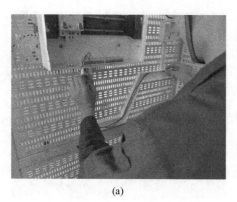
(a)

(b)

(c)

(d)

图 1-55　敷设导线

（a）按施工图纸连接控制线路；（b）照明配电箱内开关接线；
（c）盖线槽盖板；（d）完成敷设导线的效果

扫一扫查看

视频 1-13

1.2.6　通电前的检查

线路接线完成后在通电前需对线路进行检查，初步确定线路无短路现象方可通电，否则不能通电。通电前检查可用电阻法，分别检查节能灯回路和荧光灯回路是否有短路现象。为了方便测试，选用白炽灯代替节能灯，电路检查步骤如下：

（1）检查节能灯回路。测试点选择在空气断路器 QF_2 输出端和零线端，接通开关 SA_1，万用表显示电阻为灯泡电阻；断开开关 SA_1，万用表显示电阻无穷大，表示节能灯回路接线正确且无短路现象。

（2）检查荧光灯回路。测试点不变，接通开关 SA_2，万用表显示电阻为荧光灯电阻；断开开关 SA_2，万用表显示电阻无穷大，表示荧光灯回路无短路现象。

注意：如果测得线路电阻为 0Ω，表示线路有短路现象不能通电，必须排除故障后再通电。

(a)

(b)

(c)

图 1-56 器件接线

（a）开关接线和安装；（b）线路接入照明配电箱；（c）完成整体线路安装的效果

扫一扫查看
视频 1-14

1.2.7 通电试验

通电试验时须按通电和断电顺序进行，通电顺序为先接通电源总开关，再接通电源分路开关，最后接通灯开关，断电顺序相反。通电试验步骤及方法如下：

（1）节能灯回路通电试验。依次接通漏电保护断路器 QF_1、空气断路器 QF_2 和开关 SA_1，节能灯发光；断开开关 SA_1，节能灯熄灭。判断灯座端子接线是否正确时，须断电后取下白炽灯泡，通电状态下用试电笔测试灯座螺纹，试电笔氖泡不亮，表示灯座端子接线正确。

（2）荧光灯回路通电试验。依次接通漏电保护断路器 QF_1、空气断路器 QF_2 和开关 SA_2，荧光灯发光；断开开关 SA_2，荧光灯熄灭。

1.2.8 故障分析及检修流程

1.2.8.1 故障现象 1

接通漏电保护断路器 QF_1、空气断路器 QF_2，分别接通开关 SA_1 和 SA_2，荧光灯和节能灯均不亮。

（1）故障分析：考虑荧光灯回路和节能灯回路同时发生故障的可能性很小，所以故障范围可缩小为公共线路，即空气断路器 QF_2 以前的线路。

（2）检修流程：采用试电笔逐级试电的方法进行检修。接通漏电保护断路器 QF_1 和空气断路器 QF_2，使用试电笔检查 QF_1 的两个进线端是否带电，如果两个进线端均有电，说明零线开路，应检查电源进线的零线接线；如果两个进线端均无电，说明火线开路，应检查电源进线的火线接线；如果一端有电、一端无电，说明前级线路正常，应检查 QF_1 的两个出线端是否一端有电、一端无电，如果不是，说明 QF_1 损坏，如果是再用同样的方法检查 QF_2 的两个进线端是否有电，若进线有电、出线端无电，可判断故障在该器件，检修流程如图 1-57 所示。

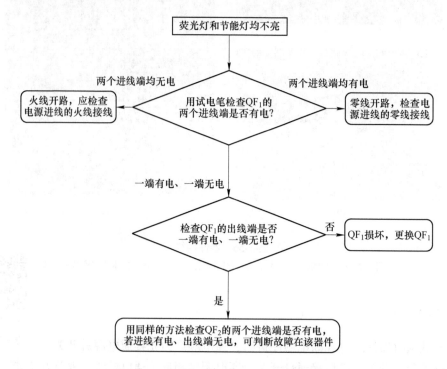

图 1-57　荧光灯和节能灯均不亮的检修流程

1.2.8.2　故障现象 2

接通漏电保护断路器 QF_1、空气断路器 QF_2 和开关 SA_2，荧光灯正常发光；但接通 SA_1，节能灯不亮。

（1）故障分析：因荧光灯正常发光，说明照明配电箱内各断路器工作正常，应重点检查节能灯回路。

（2）检修流程：在线路通电状态下，使用试电笔检测灯座弹片和灯座螺纹是否带电，如果一端有电，另一端无电，说明线路接线正确，故障可能是灯泡烧坏或灯泡接触不良；如果两端均有电，说明零线开路，应检查零线的接线；如果两端均无电，说明火线开路，应逐级检查灯座到空气断路器 QF_2 的接线以及开关 SA_1 是否接触良好，若某器件进线端有电、出线端无电，可判断故障在该器件，检修流程如图 1-58 所示。

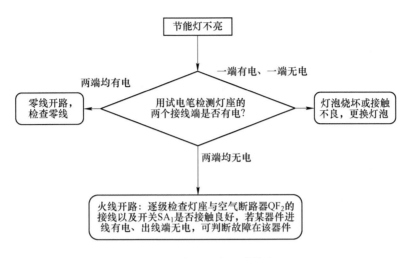

图 1-58　节能灯不亮的检修流程

1.3　工作页

1.3.1　学习活动 1　明确任务和勘查现场

1.3.1.1　明确任务

引导问题：阅读工作情境描述，简述工作任务是什么？

_____。

1.3.1.2　识读施工图纸

引导问题 1：阅读图 1-1（a）所示书房照明电气原理图，该书房一共需安装_____盏灯，分别用_____控制_____，用_____控制_____。

引导问题 2：阅读图 1-1（b）所示书房照明线路布线示意图可知，墙面宽_____mm，高_____ mm，在墙面安装了_____、_____、_____，在顶部安装了_____，采用规格为_____和_____的线槽明敷布线。其中，40mm×20mm 的线槽有_____段，a、b 两段之间是一个_____拼接，b、c 和 c、d 两段之间是一个_____拼接。20mm×10mm 的线槽共有_____段，e、d 两段之间是一个_____形拼接，f、g 两段之间是一个_____拼接，g、h 两段之间是一个_____拼接。

1.3.1.3　勘查施工现场

引导问题：对工作任务和图纸了解清楚后，还应到工作现场进行实地勘查，与任务要求和图纸进行核对，检查现场是否具备施工条件，记录相关技术参数，为后面开展施工做好准备。测量实训装置的宽、深、高的尺寸分别是：_____、_____、_____；施工墙面的宽和高尺寸分别是：_____、_____。

1.3.1.4 制订工作计划

按表 1-6 步骤厘清每步的具体工作事项，并预计各步骤所需时间。

表 1-6 工作步骤、具体事项及预计时间

序号	步 骤	具 体 事 项	预计时间
1	固定器件		
2	切割和敷设线槽		
3	敷设导线、接线		
4	器件接线		
5	通电前的检查		
6	通电试验		

1.3.2 学习活动 2 施工前的准备

引导问题 1：根据施工图纸列出本项目所用器件及材料清单，并对关键器件进行检测，初步判断其好坏，并列入表 1-7 中。

表 1-7 施工用材料清单

序号	器件及材料名称	型号/规格	数 量	初步判断好坏
1				
2				
3				
4				
5				
6				
7				
8				
9				
10				
11				
12				

引导问题 2：根据施工需要，列出完成本项目需使用的工具，列入表 1-8 中。

表 1-8 施工用工具清单

序号	工具名称	型号	数量	备注
1				
2				
3				
4				
5				
6				
7				
8				
9				
10				
11				
12				

1.3.3 学习活动 3 现场施工

1.3.3.1 现场施工前准备

引导问题 1：现场施工前，需清理现场杂物，整理工具台面，把工具、器件等分类整齐放置，选用_____安全标志并挂放在_____位置。

引导问题 2：施工人员自身应做好哪些防护？

_____

1.3.3.2 画线定位，固定照明配电箱和底盒等器件

引导问题 1：根据施工图纸，在施工墙面画线标记，照明配电箱左下角距离左墙_____mm，距离地面_____mm；开关底盒右下角距离右墙_____mm，距离地面_____mm；节能灯底座圆心距离左墙_____mm，距离正面墙_____mm；荧光灯右端距离左墙_____mm，距离顶部_____mm。

引导问题 2：底盒固定应使用_____颗螺钉，如位置受限，至少需要用_____颗螺钉。

1.3.3.3 切割和敷设线槽

引导问题 1：本项目需要切割 40mm×20mm 线槽____段，其中，a 段线槽两端角度分别是_____，_____；b 段线槽的两端角度分别是_____，_____；c 段线槽的两端角度分别是_____，_____；d 段线槽的两端角度分别是_____，_____。

引导问题 2：40mm×20mm 和 20mm×10mm 线槽拼接时，需要在 40mm×20mm 线槽相应位置开口，请写出线槽开口的步骤_____

引导问题 3：固定 20mm×10mm 和 40mm×20mm 线槽时，用螺钉沿线槽中心线每隔 _____ mm 固定，端部固定螺钉距终点应小于 _____ mm。

1.3.3.4　敷设导线、接线

引导问题 1：根据施工图纸，用红色和蓝色笔对示意图 1-59 进行线路连线。

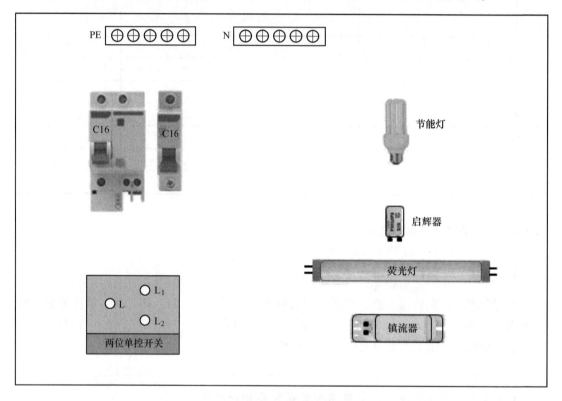

图 1-59　线路连接示意图

引导问题 2：敷设导线应注意，（1）接线时须区分导线颜色，火线用 _____ 色导线，零线用 _____ 色导线；（2）裁剪导线长度时，应留有约 _____ mm 余量；（3）导线剥线不能太长，不能伤及金属部分，接线后露铜不超过 _____ mm；（4）导线与器件连接时，螺钉要压紧。

引导问题 3：E27 螺口灯座的中心弹片须接 _____ 线，灯座螺纹须接 _____ 线。

引导问题 4：在安装照明配电箱内的断路器时，总开关安装在 _____ 边，分开关依次排在 _____ 边。

引导问题 5：安装空气断路器前，要检查其上标的型号同图纸上标的型号是否相同，标有"LE"为 _____ 开关，没标"LE"为 _____ 器，扳动手柄进行通电、断电多次试验，检查动作是否灵活，接触是否良好。

引导问题 6：在无明确规定时，低压断路器应 _____ 安装，其倾斜度不得大于

5°；分断时手柄在_____（上/下）方，合闸时手柄在_____（上/下）方。

引导问题 7：空气断路器接线时，电源接断路器的_____（输入/输出）端，负荷接断路器的_____（输入/输出）端，标有"N"的接线端子接_____线。

1.3.3.5 通电前检查

引导问题 1：选用白炽灯泡代替荧光灯进行线路检测时，万用表选择_____挡，测试点选择在_____和_____间，接通 SA_1 时，测得线路电阻为_____Ω；断开 SA_1 时，测得线路电阻为_____Ω，表示节能灯回路接线正确。

引导问题 2：荧光灯回路检测：万用表选择_____挡，测试点选择在_____和_____间，接通 SA_2 时，测得线路电阻为_____Ω；断开 SA_2 时，测得线路电阻_____Ω，表示荧光灯回路无短路现象。

1.3.3.6 通电试验

引导问题 1：本线路通电顺序是_____。

引导问题 2：在线路断电状态取下灯泡后，在线路通电状态下用试电笔检测灯座中心弹片，试电笔氖泡_____，用试电笔检测灯座螺口，试电笔氖泡_____，此结果表明线路的火线和零线接线正确。

1.3.4 学习活动 4 项目验收与评价

根据评分标准对本项目进行验收。学生自评，小组进行互评，教师和企业专家评审、验收，评分标准见表1-9。

表 1-9 评分标准

考核项目	评分点	配分	评分标准	自评（30%）	互评（30%）	教师/专家评（40%）
器件的安装（20分）	箱体的安装位置	5	照明配电箱的安装位置或垂直度误差大于5mm，扣2分			
	接线底盒的安装位置	5	开关接线底盒的安装位置或垂直度误差大于5mm，扣1分/处			
	灯具的安装位置	2	节能灯的安装位置误差大于5mm，扣1分			
		2	日光灯的安装位置误差大于5mm，扣1分			
	器件的安装	2	箱盖、开关面板等安装不到位或方向不正确，扣1分/处			
		2	至少3颗螺钉固定底盒，且安装牢固，不符合要求的扣1分/个			
		2	灯具安装不牢固，扣1分/个			

续表 1-9

考核项目	评分点	配分	评分标准	自评（30%）	互评（30%）	教师/专家评（40%）
敷线器材安装位置（10分）	PVC 线槽的安装位置	5	线槽的安装尺寸误差大于 2mm，扣 1 分/处			
		5	线槽安装的水平和垂直度不符合要求，扣 1 分/处			
敷线器材的安装工艺和规范性（20分）	PVC 线槽敷设	20	（1）线槽未贴墙面，扣 2 分/处； （2）线槽盖板应完全盖好、没有翘起，线槽终端使用封头封堵，不符合要求的扣 2 分/处； （3）线槽与照明箱或底盒连接处缝隙大于 1mm，扣 2 分/处； （4）线槽拼接处缝隙大于 1mm，扣 2 分/处； （5）异径线槽 T 形连接处缝隙大于 1mm，扣 2 分/处； （6）线槽与节能灯座缝隙大于 1mm，扣 2 分/处； （7）线槽未伸入接线盒内，扣 2 分/处； （8）线槽底槽未伸入节能灯座，扣 2 分/处； （9）异径线槽 T 形连接，底槽未伸入，扣 2 分/处； （10）线槽螺钉固定不符合要求，扣 2 分/处			
照明线路（30分）	照明线路敷设与接线	15	（1）照明配电箱内断路器型号选择不正确，或配线颜色、线径选择不正确，扣 2 分/处； （2）照明配电箱内配线应集中归边走线，横平竖直、无交叉，不符合要求的扣 2 分/处； （3）照明配电箱的引入引出线应敷设整齐、余量适中、不凌乱，不符合要求的扣 2 分/处； （4）线槽内导线应无绞线、无中间接头、无导线折叠等，不符合要求的扣 2 分/处； （5）接线底盒、灯座内导线应留有余量，不符合要求的扣 2 分/处； （6）线路所有接线端连接应规范可靠，无松动、无绝缘损伤、无压绝缘、导线露铜应小于 1mm，否则扣 2 分/处			

考核项目	评分点	配分	评分标准	自评 (30%)	互评 (30%)	教师/专家评 (40%)
照明线路 (30分)	照明线路功能	15	灯不能根据要求正确使用开关控制亮灭，或电压不正确，插座无电或电压不正确，扣5分/处			
职业与 安全意识 (20分)	安全施工	12	（1）不穿工作服、绝缘鞋扣2分/次； （2）室内施工过程不戴安全帽，扣2分/次； （3）登高作业时，不按安全要求使用人字梯，扣2分/次； （4）不按安全要求使用电动工具扣2分/次； （5）不按安全要求使用工具作业扣2分/次； （6）不按安全要求进行带电或停电检修（调试），扣4分/次			
	文明施工	8	（1）施工过程工具与器材摆放凌乱，扣1分/次； （2）工程完成后不清理现场，施工中产生的弃物不按规定处置，各扣2分/次			

说明：施工过程中违反安全操作规程，发生操作者受伤、设备损坏、短路、触电等现象者，视情节严重情况扣10~30分

小 计		
合 计 总 分		

工匠案例

西电东送的"银东线"，西起宁夏灵武，东到山东青岛，是世界上首个±660kV电压等级的特高压直流输电工程。高压线路，尤其是超高压和特高压输电线路，是一个地区的电力输送大动脉，如果动辄断电维修，就会对大范围的居民生活和企业生产造成影响，因此，在电力保障领域有了带电检修的高危工种。

王进是国家电网山东检修公司输电检修中心带电作业班副班长，±660kV带电作业世界第一人。从业20余年，他爬过2000多个高塔，参加超、特高压线路带电作业400余次，累计减少停电时间700多小时，练就了在138米高空晃动的导线上双手脱离导线工作和凭耳朵判断出高空中不超过2mm铝线的损伤部位及损伤程度等绝活。为了更安全、高效完成工作，王进带领他的团队不断进行技术创新，完成了30项创新成果，他们征服了660kV高压电网，编制了首个《±660kV直流输电线路带电作业技术导则》，填补了世界

范围内的技术空白，自主研发的"±660kV直流架空输电线路带电作业技术和工器具创新及应用"荣获"国家科学技术进步奖"二等奖，被中华全国总工会授予"大国工匠"称号，王进从一名普通线路工人成长为电力行业顶尖级的技能专家。

王进用"敬业乐业、专业专注、精益求精"的工匠精神，唱响了新时代的劳动者之歌。

课后练习

1-1 填空题

（1）空气断路器又称为＿＿＿＿＿＿开关，简称＿＿＿＿＿＿，可接通和分断电路，也可用于控制不频繁启动的电动机。空气断路器对电路或用电设备起＿＿＿＿＿＿、＿＿＿＿＿＿、＿＿＿＿＿＿等保护功能。

（2）空气断路器按主电路极数分为＿＿＿＿＿＿、＿＿＿＿＿＿、＿＿＿＿＿＿；按用途分为＿＿＿＿＿＿用断路器和＿＿＿＿＿＿断路器；按结构形式分为＿＿＿＿＿＿式、＿＿＿＿＿＿式和＿＿＿＿＿＿式空气断路器；按用途分为＿＿＿＿＿＿用空气断路器、＿＿＿＿＿＿用空气断路器。

（3）DZ系列的空气断路器是常用的空气断路器，常见的有＿＿＿＿＿＿型和＿＿＿＿＿＿型两种。其中，C型空气断路器用于＿＿＿＿＿＿线路保护，瞬时脱扣电流为＿＿＿＿＿＿倍额定电流；D型空气断路器常用于＿＿＿＿＿＿和＿＿＿＿＿＿线路保护，瞬时脱扣电流为＿＿＿＿＿＿倍额定电流。

（4）型号为"DZ47LE-32 C16"的漏电保护断路器，"DZ"表示＿＿＿＿＿＿＿＿＿＿＿＿，"47"表示＿＿＿＿＿＿，"LE"表示＿＿＿＿＿＿＿＿＿＿，"32"表示＿＿＿＿＿＿＿＿＿＿＿＿，"C16"表示＿＿＿＿＿＿＿＿＿＿＿＿，"$I_{\Delta n}$ 0.03A"表示＿＿＿＿＿＿＿＿＿＿＿＿，"$t \leqslant 0.1s$"表示＿＿＿＿＿＿＿＿＿＿＿＿，标有"N"的接线端子接＿＿＿＿＿＿线。

（5）E27螺口灯座的"27"表示＿＿＿＿＿＿＿＿＿＿，T8灯座表示＿＿＿＿＿＿＿＿＿＿。

（6）查表1-2可知，25mm×15mm的线槽最多可放置＿＿＿＿＿＿根1.5mm²导线或＿＿＿＿＿＿根2.5mm²导线。

1-2 简答题

照明线路完成安装后，在线路通电状态下接通线路开关后节能灯不亮，请回答以下问题：

（1）如果用试电笔测量灯座弹片和螺纹均带电，故障可能在哪里？

（2）如果用试电笔测量灯座弹片和螺纹均不带电，故障可能在哪里？

（3）如果用试电笔测量到灯座弹片带电、螺纹不带电，故障可能在哪里？

项目 2   楼梯照明线路的安装与调试

项目学习目标

·知识目标

（1）掌握照明配电系统图的读图方法，学会正确识读照明配电系统图。

（2）了解双控开关、插座、PVC 线管等器件和电工材料的作用、分类、性能特点和使用场合等，掌握其安装规范和安装方法。

（3）了解弯管器、穿线器的作用，掌握其使用方法和使用技巧。

·能力目标

（1）能够使用万用表初步判断双控开关、插座等器件的好坏。

（2）能够根据照明线路电气原理图、照明配电系统图和布线示意图选择器件、材料和工具敷设 PVC 线管，安装、调试和检测"两控一灯"照明线路。

（3）能够运用本项目所学知识和技能解决生活中的实际问题。

·素质目标

（1）进一步养成遵守安全操作规程，爱护设备、工具、量具，保护工作环境清洁有序的习惯。

（2）进一步形成安全操作、文明生产的规范意识和责任意识。

·思政目标

（1）践行社会主义核心价值观，增强大国自信、文化自信的爱国情感和社会责任感。

（2）弘扬对每道工序都凝神聚力、精益求精、追求极致的品质精神。

工作情境描述

某企业宿舍楼的楼梯需要安装照明灯，设计工程师已经按用户需求设计出施工图纸，现在派你完成此项任务，施工图纸如图 2-1 所示。

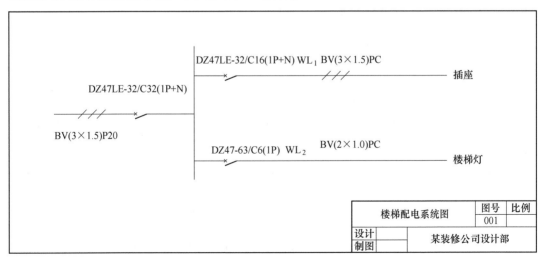

(a)

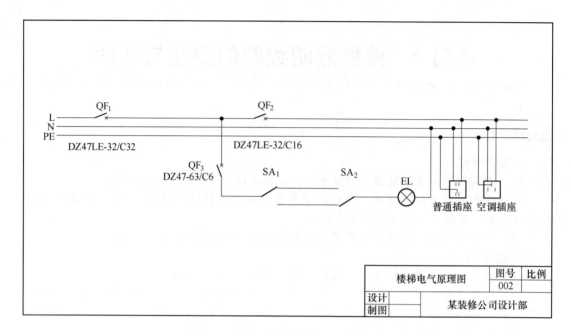

(b)

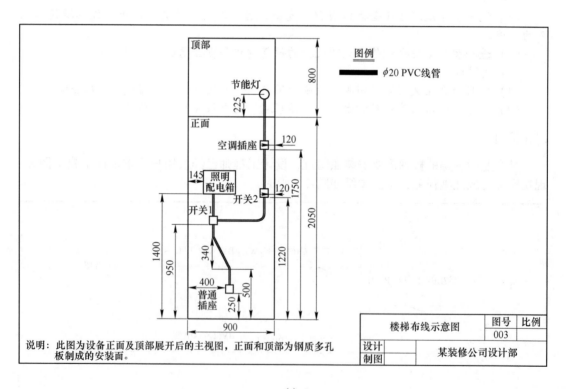

(c)

图 2-1　楼梯照明线路施工图纸

（a）楼梯配电系统图；（b）楼梯电气原理图；（c）楼梯布线示意图

2.1 知识储备

2.1.1 识读施工图纸

2.1.1.1 识读照明配电系统图

照明配电系统图是用图形符号、文字符号表示建筑照明配电系统供电方式、配电线路分布及相互联系的建筑电气工程图。照明配电系统图反映照明的安装容量、配电方式、导线或电缆的型号、规格、数量、敷设方式等。在配电系统图中，导线有专用的表示方法。

A 导线表示方法

照明配电系统图中，导线表示方法如下：

$$a-b-(c \times d)-e-f$$

式中，a 为导线回路编号或用途，通常省略；b 为导线型号；c 为导线根数；d 为导线截面积（mm^2）；e 为导线敷设方式或穿管方式；f 为敷设部位。例如，"BV（2×1.5）PC20-WC"的导线，表示使用 2 根截面积为 1.5mm^2 的塑料绝缘铜芯线，通过直径 20mm 的 PVC 线管暗敷设在墙内。

照明配电系统图常用导线型号见表 2-1，聚氯乙烯绝缘线又称塑料绝缘线。

表 2-1 照明配电系统图常用导线型号

序　号	型　号	名　称
1	BXF（BLXF）	氯丁橡胶绝缘铜（铝）芯线
2	BX（BLX）	橡胶绝缘铜（铝）芯线
3	BXR	铜芯橡胶软线
4	BV（BLV）	聚氯乙烯绝缘铜（铝）芯线
5	BVR	聚氯乙烯绝缘铜芯软线
6	BVV（BLVV）	铜（铝）芯聚氯乙烯绝缘和护套线
7	RVB	铜芯聚氯乙烯绝缘平行软线
8	RVS	铜芯聚氯乙烯绝缘绞型软线
9	RV	铜芯聚氯乙烯绝缘软线
10	RX、RXS	铜芯、橡胶棉纱编织软线

常见的导线敷设方式和敷设部位的文字符号见表 2-2。

表 2-2 常用导线敷设方式及敷设部位的文字符号

常用导线敷设方式的标注		
文字符号	名　称	英 文 名 称
SC	穿焊接钢管敷设	Run in welded steel conduit
MT	穿电线管线敷设	Run in electrical metallic tubing
PC	穿硬塑料管敷设	Run in rigid PVC conduit
FPC	穿阻燃半硬聚氯乙烯管敷设	Run in flame retardant semiflexible PVC conduit

常用导线敷设方式的标注		
文字符号	名　　称	英 文 名 称
CT	电缆桥架敷设	Installed in cable tray
MR	金属线槽敷设	Installed in metallic raceway
PR	塑料线槽敷设	Installed in PVC raceway
M	钢索敷设	Supported by messenger wire
KPC	穿聚氯乙烯塑料波纹管敷设	Run in corrugated PVC conduit
CP	穿金属软管敷设	Run in flexible metal conduit
DB	直接埋设	Direct burying
TC	电缆沟敷设	Installed in cable trough
CE	混凝土排管敷设	Installed in concrete encasement

常用导线敷设部位		
文字符号	名　　称	英 文 名 称
AB	沿或跨梁敷设	Along or across beam
BC	暗敷设在梁内	Concealed in beam
AC	沿或跨柱敷设	Along or across column
CLC	暗敷设在柱内	Concealed in column
WS	沿墙面敷设	On wall surface
WC	暗敷设在墙内	Concealed in wall
CE	沿顶棚或顶板面敷设	Along ceiling or slab surface
CC	暗敷设在屋面或顶板内	Concealed in ceiling or slab
SCE	吊顶内敷设	Recessed in ceiling
F	地板或地面以下敷设	In floor or ground

B　识读楼梯照明配电系统图

本项目楼梯照明配电系统图如图 2-2 所示。由图可知，总开关选用额定电流为 32A 的 1P+N 漏电保护断路器，插座回路选用额定电流为 16A 的 1P+N 漏电保护断路器作分路开关，照明回路选用额定电流为 6A 的 1P 空气断路器作分路开关。

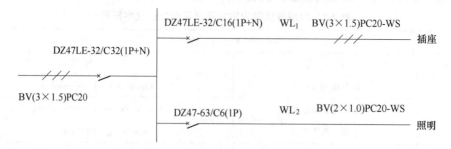

图 2-2　楼梯照明配电系统图

经查表 2-1 和表 2-2 可知，各回路导线的参数、数量及敷设方式如下：

（1）电源进线，"BV（3×1.5）PC20"表示使用 3 根截面积为 1.5mm² 的塑料绝缘铜芯线，通过直径 20mm 的 PVC 线管引入配电箱；

（2）插座回路，"BV（3×1.5）PC20-WS"表示使用 3 根截面积为 1.5mm² 的塑料绝缘铜芯线，通过直径 20mm 的 PVC 线管沿墙面敷设；

（3）照明回路，"BV（2×1.0）PC20-WS"表示使用 2 根截面积为 1.0mm² 的塑料绝缘铜芯线，通过直径 20mm 的 PVC 管，沿墙面敷设。

当施工图纸配套提供了布线示意图时，因为布线示意图已直观表达了导线的敷设方式，且图中用图例说明了线管或线槽的规格，此时，配电系统图中导线表达式的线管或线槽的规格以及导线敷设方式可以省略。例如图 2-2 中，插座回路的导线"BV（3×1.5）PC20-WS"可表示为"BV（3×1.5）PC"，照明回路的导线"BV（2×1.0）PC20-WS"可表示为"BV（2×1.0）PC"，如图 2-1（a）所示。此外，导线的表示方法常用"-"代替式中的括号，例如插座回路的导线"BV（3×1.5）PC"可表示为"BV-3×1.5PC"。

2.1.1.2 识读楼梯照明线路电气原理图

本项目楼梯照明线路电气原理图如图 2-3 所示，该电路工作原理如下。

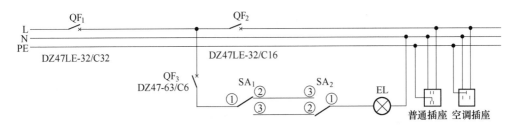

图 2-3 楼梯照明线路电气原理图

（1）照明回路：接通漏电保护断路器 QF_1、空气断路器 QF_3，当按动开关 SA_1，即 SA_1 的①、③端子闭合时，瞬时电流从火线 L 依次流经 QF_1、QF_3、$S_{A1①③}$、$S_{A2②①}$、灯 EL 回到零线 N 形成回路，电流流过灯 EL，灯 EL 发光；当按动 SA_2，即 SA_2 的①、②端子断开，或再次按动 SA_1，即 SA_1 的①、③端子断开时，无电流流过灯 EL，灯 EL 熄灭；再次按动开关 SA_1，即 SA_1 的①、②端子闭合时，瞬时电流从火线 L 依次流经 QF_1、QF_3、$SA_{1①②}$、$SA_{2②①}$、EL 回到零线形成回路，电流流过灯 EL，灯 EL 再次发光；当按动 SA_2，即 $SA_2$①、③端子断开，或再按动 SA_1，即 SA_1 的①、②端子断开时，无电流流过灯 EL，灯 EL 熄灭，实现两个开关控制一盏灯亮与灭的功能。

（2）插座回路：接通漏电保护断路器 QF_1 和 QF_2，空调插座和普通插座均带电；当断开 QF_2 或 QF_1 时，两个插座均无电。

2.1.1.3 识读布线示意图

本项目楼梯照明线路布线示意图如图 2-4 所示。由图可知，施工墙面宽 900mm、高 2050mm，实训装置深 800mm；在墙面安装了照明配电箱、2 个开关底盒、2 个插座底盒，在顶部安装了一盏节能灯，线路采用直径为 20mm 的 PVC 线管明敷设布线。

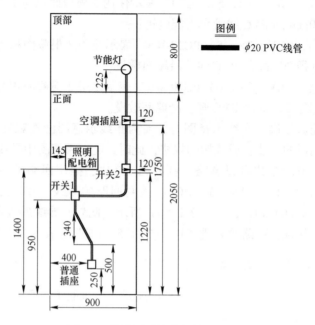

图 2-4　楼梯照明线路布线示意图

2.1.2　认识器件及电工材料

2.1.2.1　双控开关

扫一扫查看
视频 2-1

住宅照明线路中，若要实现两个开关控制一盏灯，需使用双控开关。双控开关又称为双联开关，由一个公共端和两个控制端组成一对动合触点和一对动断触点，按动开关时动合触点闭合，动断触点断开。

A　常见的双控开关及原理图符号

双控开关按开关位数分为一位双控开关、两位双控开关、三位双控开关等，一位双控开关正面有 1 个翘板，背面有 3 个接线端；两位双控开关正面有 2 个翘板，背面有 6 个接线端。常见的双控开关及其原理图符号如图 2-5 所示。

B　双控开关的接线端识别与检测

双控开关的接线端可以通过开关背面的标识符进行识别。一位双控开关共有 3 个端子，其背面标识符如图 2-6（a）所示，L 表示公共端，L_1 和 L_2 表示控制端，其内部结构示意图如图 2-6（b）所示。检测时，用万用表欧姆挡分别测量 L 与 L_1、L 与 L_2 在开关接通和断开状态下的电阻分别为 0Ω 和无穷大（∞Ω），且开关灵活可靠表示开关完好。

两位双控开关共有 6 个端子，其背面标识符如图 2-6（c）所示，L_1 表示第一个双控开关的公共端，L_{11} 和 L_{12} 表示第一个开关的控制端；L_2 表示第二个双控开关的公共端，L_{21} 和 L_{22} 表示第二个开关的控制端，其内部结构示意图如图 2-6（d）所示。检测时，用万用表欧姆挡分别测量第一个开关 L_1 与 L_{11}、L_1 与 L_{12}，第二个开关 L_2 与 L_{21}、L_2 与 L_{22}，在开关接通和断开状态下的电阻分别为 0Ω 和无穷大（∞Ω），且开关灵活可靠表示开关完好。

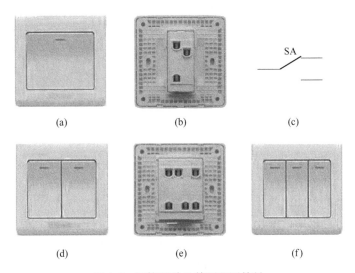

图 2-5　双控开关及其原理图符号

（a）一位双控开关正面；（b）一位双控开关背面；（c）双控开关原理图符号；
（d）两位双控开关正面；（e）两位双控开关背面；（f）三位双控开关正面

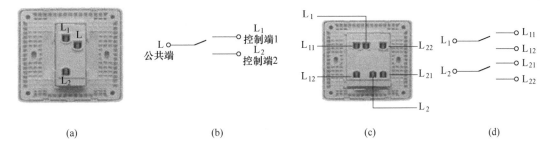

图 2-6　双控开关背面标识符及内部结构示意图

（a）一位双控开关背面标识符；（b）一位双控开关内部结构示意图；
（c）两位双控开关背面标识符；（d）两位双控开关内部结构示意图

2.1.2.2　插座

插座为台灯、电风扇、电视机等、家用电器及其他用电设备提供电源，它连接方便、灵活多用。照明线路中的插座是指插座面板，插座面板需安装在底盒上使用。

A　插座的分类

插座按电源类型分为单相插座和三相插座，单相插座有两孔、三孔和五孔等，如图2-7（a）~（c）所示，图 2-7（d）所示是三相四孔插座。按插座功率大小分为大功率插座和小功率插座，大功率插座是专用的三孔插座，其额定电流有 15A 和 16A 等，为空调、电热水器等大功率设备提供电源，其中，16A 三孔大功率插座在住宅照明线路中最为常用；小功率插座的额定电流有 5A、10A 等，其中，10A 五孔小功率插座在住宅照明线路中最为常用。

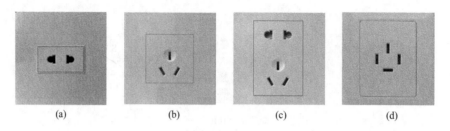

图 2-7 常见插座

（a）单相两孔插座；（b）单相三孔插座；（c）单相五孔插座；（d）三相四孔插座

B 插座的接线

插座的接线应严格按以下规定。

（1）单相两孔插座：面对插座正面，左孔或下孔与零线连接，右孔或上孔与火线连接，即"左零右火"或"下零上火"，如图 2-8（a）所示。

（2）单相三孔插座：面对插座正面，左孔与零线连接，右孔与火线连接，上面的孔与保护接地线 PE（地线）连接，即"左零右火上保护"，如图 2-8（b）所示。

（3）三相四孔插座：保护接地线（PE）或保护接零线（PEN）线接在上孔，其余孔接火线，如图 2-8（c）所示。注意：同一室内的三相插座，其火线接线顺序要一致。

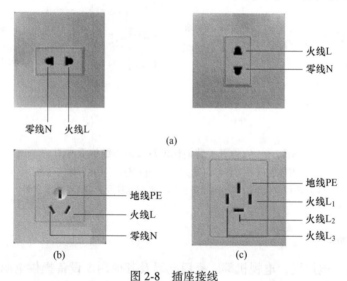

图 2-8 插座接线

（a）单相两孔插座接线；（b）单相三孔插座接线；（c）三相四孔插座接线

C 插座安装的要求

插座的安装应符合设计要求，如无设计要求应符合以下要求：

（1）普通插座安装高度一般为 1.3~1.5m，距地面高度最小不应小于 0.3m，同一室内插座的安装高度应一致。

（2）热水器、柜式空调应选用不小于 16A 的三孔插座或专用插座，其他插座选用五孔 10A 插座，厨房、卫生间应选用防溅水的插座。

（3）潮湿场所采用密封型并带保护线触头的保护型插座，安装高度不低于 1.5m。

（4）当不采用安全型插座时，幼儿园及小学等儿童活动场所安装高度不小于1.8m。

（5）车间及实验室的插座安装高度距离地面不小于0.3m，特殊场所暗装的插座不小于0.15m。

2.1.2.3 线管专用底盒

照明线路使用PVC线管布线时，应选用线管专用底盒。安装前要根据布线示意图在底盒上开出相应的管孔，开孔时应尽量使用底盒预留孔开孔。如果安装位置受限，需使用开孔器对底盒开孔，底盒上不穿管的挡板不可随意取掉。

（1）使用底盒预留孔开孔。把底盒固定后，使用螺丝刀和铁锤敲开底盒的预留孔，如图2-9所示。

（a）　　　　　　　　　　　　　　　　（b）

图2-9　使用预留孔开孔

（a）使用螺丝刀和铁锤开孔；（b）预留孔被敲落后的效果

（2）不使用底盒预留孔开孔。当线管的安装位置与底盒预留孔位置不符时，需使用开孔器对底盒开孔。开孔前，在底盒相应位置标记孔心，固定底盒后再用开孔器对准孔心进行开孔，如图2-10所示。

 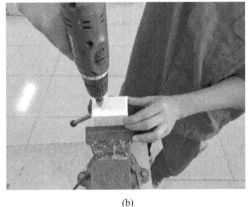

（a）　　　　　　　　　　　　　　　　（b）

图2-10　安装底盒的开孔方法

（a）画出孔的中心点；（b）用开孔器对准中心点钻孔

2.1.2.4　PVC 线管

用钢管或塑料管支持的线路称为管线，配线用的管子称为线管。线管按材料分为 PVC 线管、不锈钢线管和碳钢线管等，如图 2-11 所示。PVC 线管价格实惠，弯曲比金属管容易，绝缘性和耐腐蚀性好，住宅照明布线一般选用 PVC 线管。不锈钢线管和碳钢线管价格比较贵，但抗干扰性能、阻燃性和保护性均强于 PVC 线管。PVC 线管大多数用于暗敷布线，也可用于明敷布线，与 PVC 线槽作明敷布线相比，PVC 线管明敷的密封性更好。

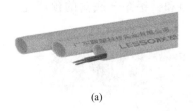　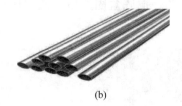　

(a)　　　　　　　　　　(b)　　　　　　　　　　(c)

图 2-11　线管的种类

（a）PVC 线管；（b）不锈钢线管；（c）碳钢线管

A　PVC 线管的规格

PVC 线管的规格有 A 型和 B 型，A 型为加厚型，B 型为普通型，其外径有 $\phi16\text{mm}$、$\phi20\text{mm}$、$\phi25\text{mm}$、$\phi32\text{mm}$、$\phi40\text{mm}$、$\phi50\text{mm}$、$\phi60\text{mm}$ 等，住宅装修中常用到前 4 种规格的 PVC 线管。

B　PVC 线管的切割

PVC 线管可使用专用线管剪刀或钢锯进行切割，使用线管剪刀进行切割更加方便快捷。

扫一扫查看
视频 2-2

使用线管剪刀切割 PVC 线管时，打开线管剪刀后把 PVC 线管放入刀口内，边转动线管边入刀，待剪刀切入管壁后停止转动线管，继续裁剪线管，直至 PVC 线管被切断，如图 2-12 所示。

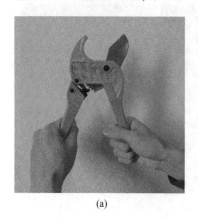　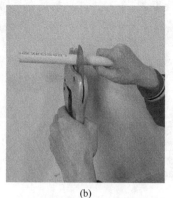　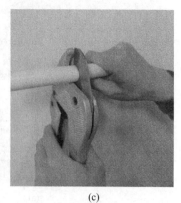

(a)　　　　　　　　　　(b)　　　　　　　　　　(c)

图 2-12　用线管剪刀切割 PVC 线管

（a）打开 PVC 线管剪刀；（b）把 PVC 线管放入刀口内；（c）边转动边切割 PVC 管

C PVC 线管的弯曲

PVC 线管的弯曲有冷弯法和热弯法两种，冷弯 PVC 线管需使用弯管器，常用的弯管器有 φ16mm、φ20mm、φ25mm 和 φ32mm 四种规格。使用弯管器弯管的步骤如图 2-13 所示，选择与 PVC 线管规格相匹配的弯管器插入线管需弯曲处，将需弯曲的部位顶在膝盖上，双手握住管子两端逐渐加力，使管子逐渐弯曲，弯出的角度应比所需弯曲的角度略小，待弯管回弹后达到要求，最后取出弯管器，注意弯管时用力要均匀且不能太猛。

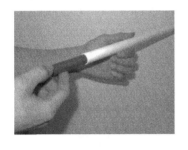 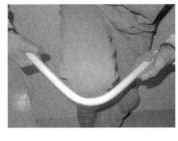 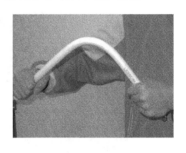

(a)　　　　　　　　　　(b)　　　　　　　　　　(c)

图 2-13　使用弯管器弯管的步骤

(a) 将弯管器放入线管需弯曲处；(b) 借助膝盖弯管；(c) 双手握住管子两端逐渐加力

a PVC 线管的弯管技巧

（1）当弯曲较长的管子时，可用铁丝、细绳或稍大直径的塑料护套线系在弯管弹簧一端的圆环上，以方便弯管完成后将弯管器取出。在弯管器未拉出前，不要用力使弹簧回复，否则容易损坏弯管器。当遇到弯管器难以拉出时，可逆时针转动弯管器使其外径收缩，同时向外用力即可拉出。

（2）若要在 PVC 线管的端部弯曲 90°或鸭脖子弯，直接用手弯曲会比较困难，可用内径比管子外径略大而长度较长的钢管套在塑料管被弯端部，一手握住管子、一手扳动钢管，即可在管端弯出长度适当的 90°或鸭脖子弯，如图 2-14 所示。

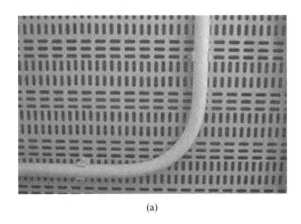 

(a)　　　　　　　　　　　　　　(b)

图 2-14　管子端部弯曲 90°或鸭脖子弯

(a) 管子端部弯曲 90°；(b) 鸭脖子弯

（3）若在低温下施工，进行冷弯容易使管子破裂，因此需要用布将管子需要弯曲处摩擦生热后再进行管子的弯曲加工。

b　PVC 线管的弯管要求

（1）PVC 线管的弯曲半径 R 不应小于管外径的 6 倍，如图 2-15（a）所示。

（2）PVC 线管的弯曲处不应有折皱、凹穴和裂缝、裂纹，如图 2-15（b）所示。

（3）PVC 线管的弯曲处弯扁的长度不应大于管子外径的 10%。

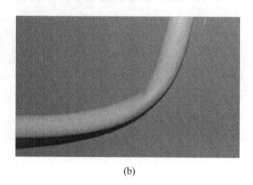

（a）　　　　　　　　　　　　　　　　　（b）

图 2-15　PVC 线管的弯管要求

（a）弯曲半径要求；（b）PVC 线管的凹穴

D　PVC 线管的固定

PVC 线管在敷设时需用管卡固定，常见的管卡有塑料开口管卡、塑料 U 形管卡和金属 U 形管卡，U 形管卡又叫骑马卡，管卡如图 2-16 所示。在室内沿墙面敷设 PVC 线管时，通常使用塑料开口管卡和塑料 U 形管卡；沿地面敷设 PVC 线管时，多使用金属 U 形管卡。

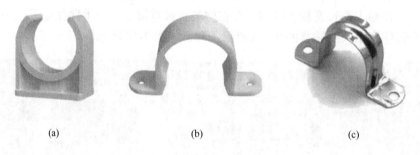

（a）　　　　　　　　　　（b）　　　　　　　　　　（c）

图 2-16　管卡

（a）塑料开口管卡；（b）塑料 U 形管卡；（c）金属 U 形管卡

塑料开口管卡用 1 个螺钉固定，敷设时先将全线的管卡逐个固定后，配管时将管子从管卡开口处压入即可。U 形管卡要用两个螺钉固定，敷设时要先将管卡的一端螺钉拧进一半，然后将管子置于管卡内，再拧入另一个螺钉，最后将两个螺钉拧紧即可。

明敷线管应排列整齐，固定点间距应均匀，管卡间最大间距符合表 2-3 中的规定。管卡与 PVC 线管终端、转弯中点、盒（箱）边缘的距离为 150～500mm。

表 2-3 管卡的最大间距

管径/mm	≤20	25~40	>50
吊架、支架或沿墙壁敷设间距/m	1.0	1.5	2.0

E PVC 线管的连接

（1）PVC 线管与线管的连接。PVC 线管与线管的连接可以用专门的接头套接，连接管两端需涂上套管专用的胶合剂来黏接，常用的 PVC 线管接头有直通、弯头、三通等，如图 2-17 所示。

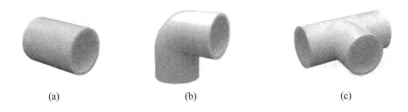

图 2-17 PVC 线管三种接头

(a) 直通；(b) 弯头；(c) 三通

（2）PVC 线管与线槽的连接。PVC 线管与线槽的连接使用成品线管连接件——杯梳，连接前使用开孔器在线槽相应位置开出管孔，杯梳接入线槽后再与 PVC 线管连接，操作步骤如图 2-18 所示。

（3）PVC 线管与底盒的连接。PVC 线管与底盒连接时，需要使用杯梳，把杯梳接入底盒的管孔后，再把 PVC 线管接进杯梳，其连接效果如图 2-19 所示。PVC 线管插入杯梳深度宜为管外径的 1.1~1.8 倍，连接边应涂上专用的胶合剂。

(a)

(b)

(c)

(d)

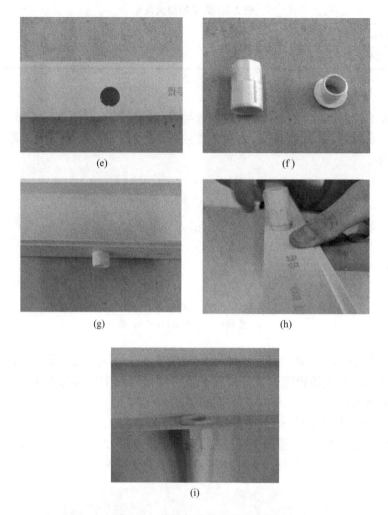

(e)　　　　　　　　　(f)

(g)　　　　　　　　　(h)

(i)

图 2-18　线槽与线管的连接步骤

（a）准备开孔器；（b）把开孔器安装到手电钻上；（c）在线槽上标记开孔中心点；

（d）对准中心点开孔；（e）线槽开孔后的效果；（f）拧开杯梳接头和锁扣；

（g）杯梳锁扣从线槽内放入孔中；（h）拧紧杯梳接头；（i）把 PVC 线管接入杯梳接头

（4）PVC 线管连接质量要求如下：

1）PVC 线管与底盒或配电箱连接时应使用杯梳，一管一孔顺直接入其内，如果底盒或配电箱的孔比 PVC 线管高，需做个鸭脖子弯使其顺直接入；

2）杯梳的外径要与底盒或配电箱的敲落孔一致；

3）多根 PVC 线管进入配电箱时，进入配电箱后露出长度应一致，排列间距要均匀；

4）PVC 线管与底盒或配电箱连接应牢固，底盒和配电箱未使用到的预留孔不能破坏。

图 2-19　PVC 线管与底盒的连接效果

2.2 施工过程

扫一扫查看
视频 2-3

2.2.1 现场施工前准备

现场施工前须认真识读施工图纸，到现场作实地勘查，了解施工场地地理位置、面积和空间大小等，清理施工现场杂物，准备施工所需器件、材料和电工工具，挂放必要的安全标志，施工人员穿好工作服和绝缘鞋，佩戴好安全帽。

2.2.2 画线定位和固定器件

（1）根据施工图纸，在施工墙面标注各器件的定位线，如图 2-20 所示。

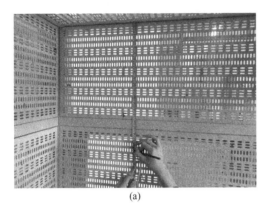
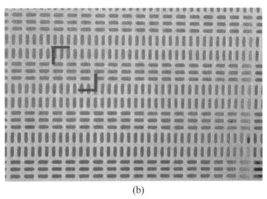

（a）　　　　　　　　　　　　　　（b）

图 2-20　画线定位

（a）用卷尺量取定位尺寸；（b）在墙面标记定位线

（2）根据图纸安装位置尺寸，对配电箱和底盒开孔，如图 2-21 所示。

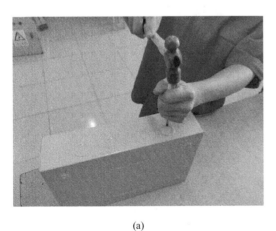

（a）　　　　　　　　　　　　　　（b）

图 2-21　配电箱和底盒开孔

（a）照明配电箱开孔；（b）底盒开孔

（3）固定照明配电箱和底盒，连接杯梳，如图 2-22 所示。

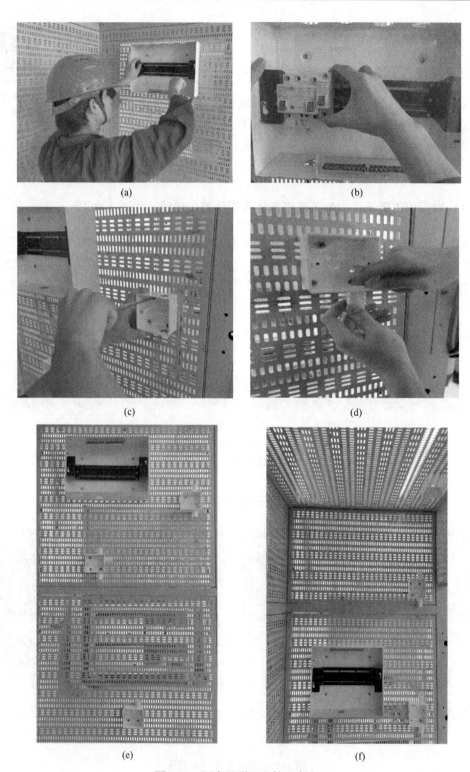

图 2-22 固定照明配电箱和底盒
（a）固定照明配电箱；（b）固定照明配电箱保护开关；（c）固定底盒；（d）连接杯梳；
（e）配电箱和底盒固定后效果图 1；（f）配电箱和底盒固定后效果图 2

2.2.3　敷设 PVC 线管

（1）根据施工图纸，用线管剪刀剪出适当长度的 PVC 线管，使用弯管器弯管，如图 2-23 所示。

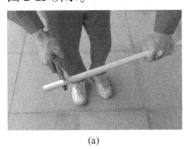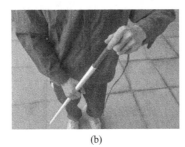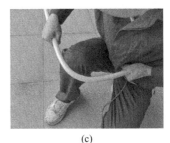

　　　　（a）　　　　　　　　　　　　　（b）　　　　　　　　　　　　　（c）

图 2-23　弯曲 PVC 线管

（a）切割 PVC 线管；（b）弯管器穿入 PVC 线管；（c）弯管

（2）根据施工图纸，首先按管卡固定点间距要求固定管卡，然后固定线管，如图 2-24 所示。

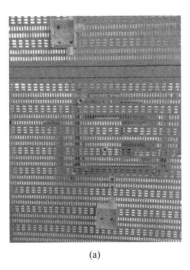

　　　　　（a）　　　　　　　　　　　　　　　　　　　　（b）

图 2-24　固定线管

（a）固定管卡；（b）固定线管

2.2.4　敷设导线和接线

（1）把导线穿入穿线器末端的孔内进行连接，如图 2-25（a）所示。注意接头要牢固且光滑，以免穿线过程中损坏导线绝缘层。

（2）把穿线器首端的滚轮头穿入 PVC 线管内进行穿线，如图 2-25（b）所示。穿线过程中最好两人配合，一人拉线一人送线，确保导线顺直、不打结。

（3）完成导线穿线后，留出必要长度的导线，多余部分剪去，如图 2-25（c）所示。如果 PVC 线管内有相同颜色的导线时，应做好记号，以便后续接线。

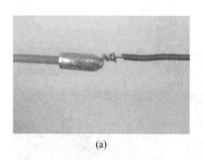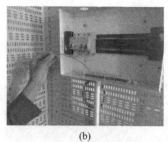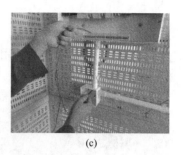

(a)　　　　　　　　　　　　(b)　　　　　　　　　　　　(c)

图 2-25　使用穿线器穿线

（a）导线与穿线器连接；（b）穿线；（c）留出必要长度的导线

2.2.5　器件接线

把开关和插座与线路连接，照明配电箱内器件与线路连接，完成施工的效果如图 2-26 所示。

图 2-26　完成施工的效果图

扫一扫查看
视频 2-4

2.2.6　通电前的检查

通电前检查可用电阻法进行，分别检查照明回路和插座回路是否有短路现象。为了方便测试，选用白炽灯代替节能灯，检查方法如下。

（1）检查照明回路。测试点选择在 QF_3 输出端和零线端，按动开关 SA_1，万用表显示电阻为灯泡电阻，按动 SA_2，万用表显示电阻无穷大；再次按动开关 SA_1，万用表显示电阻为灯泡电阻，再次按动 SA_2，万用表显示电阻无穷大，表示线路接线正确且无短路现象。

（2）检查插座回路。测试点选择在 QF_2 输出端和零线端，万用表显示电阻为无穷大，表示插座回路无短路现象。

扫一扫查看
视频 2-5

2.2.7 通电试验

（1）照明回路通电试验。依次接通漏电保护断路器 QF_1、空气断路器 QF_3，按动 SA_1，灯 EL 发光；按动 SA_2，灯 EL 熄灭；再次按动 SA_1，灯 EL 发光，按动 SA_2，灯 EL 熄灭。

判断灯座端子接线是否正确：断电后取下白炽灯泡，通电状态下用试电笔测试灯座螺纹，试电笔氖泡不亮，表示灯座端子接线正确。

（2）插座回路通电试验。使用试电笔对插座回路进行通电试验，依次接通漏电保护断路器 QF_1、空气断路器 QF_2，用试电笔接入五孔插座的右孔，氖泡发亮；接入五孔插座左孔，试电笔氖泡不亮，表示插座连接正确；用同样的方法测试三孔插座的接线是否正确。

2.3 工作页

2.3.1 学习活动 1 明确任务和勘查现场

2.3.1.1 明确任务

引导问题：阅读工作情境描述，简述工作任务是什么？

_____。

2.3.1.2 识读施工图纸

引导问题 1：阅读图 2-1（a）楼梯照明配电系统图，本项目电源总开关的型号是_____，它是一个_____（空气断路器/漏电保护断路器），其额定电流是_____ A；本项目共有_____个回路，电源进线有____根截面积为_____ mm² 的塑料绝缘铜芯线，经直径为_____ mm 的_____接入电源配电箱；插座回路有____根截面积为____ mm² 的塑料绝缘铜芯线经 PVC 线管敷设；照明回路有____根截面积为____ mm² 的塑料绝缘铜芯线经 PVC 线管敷设。

引导问题 2：阅读图 2-1（b）所示照明线路电气原理图可知，本项目一共需安装_____盏灯，该灯使用_____个_____开关实现异地控制，该回路由空气断路器_____进行控制；插座回路共安装了_____个插座，用空气断路器_____进行控制。

引导问题 3：阅读图 2-1（c）楼梯照明布线示意图，施工墙面宽_____ mm，高_____ mm，实训装置深_____ mm；在墙面墙安装了_____箱、_____个开关、_____个插座，在顶部安装了_____盏节能灯，线路采用直径为_____ mm 的 PVC 线管明敷布线。

2.3.1.3 勘查施工现场

引导问题 1：勘查施工现场时需结合图纸，了解施工现场是否符合施工要求以及各器件和线管的安装位置。测量施工场地（实训装置）的宽、深、高尺寸分别是_____、_____、_____。

引导问题 2：记录下施工的墙面编号：_____。

2.3.1.4　制订工作计划

引导问题：按表 2-4 厘清每步具体工作事项，并预计各步骤所需时间。

表 2-4　施工步骤、具体事项及预计时间

序号	步　骤	具体事项	预计时间
1	固定器件		
2	切割和敷设线管		
3	敷设导线、接线		
4	器件接线		
5	通电前的检查		
6	通电试验		

2.3.2　学习活动 2　施工前的准备

引导问题 1：根据施工图纸列出本项目所用器件及材料清单，并对关键器件进行检测，初步判断其好坏，并列入表 2-5 中。

表 2-5　施工所用器件及材料清单

序号	器件及材料名称	型号/规格	数　量	初步判断好坏
1				
2				
3				
4				
5				
6				
7				
8				
9				
10				
11				
12				

引导问题 2：根据施工需要，列出完成本项目所需使用的工具，并填入表 2-6 中。

表 2-6　施工所用工具清单

序号	工具名称	型　号	数　量	备　注
1				
2				
3				
4				
5				
6				
7				
8				
9				
10				
11				
12				
13				

2.3.3　学习活动 3　现场施工

2.3.3.1　现场施工前准备

引导问题：现场施工前，把工具、器件分类整齐放置，选用＿＿＿＿＿＿＿＿＿安全标志并挂放在＿＿＿＿＿＿＿＿＿位置。

2.3.3.2　画线定位，固定照明配电箱和底盒等器件

引导问题：根据施工图纸在施工墙面画线标记，照明配电箱左下角距离左墙＿＿＿＿＿mm，距离地面＿＿＿＿＿mm；开关 1 底盒左下角距离左墙＿＿＿＿＿mm，距离地面＿＿＿＿＿mm 处；开关 2 底盒右下角距离右墙＿＿＿＿＿mm，距离地面＿＿＿＿＿mm 处；空调插座底盒右下角距离右墙＿＿＿＿＿mm，距离地面＿＿＿＿＿mm 处；普通插座底盒左下角距离左墙＿＿＿＿＿mm，距离地面＿＿＿＿＿mm 处；节能灯底座圆心距离正面墙角＿＿＿＿＿mm。

2.3.3.3　PVC 线管成型和敷设

引导问题 1：照明配电箱到开关 1 底盒的 PVC 线管须做＿＿＿＿＿弯。

引导问题 2：写出从开关 1 底盒到普通插座的 PVC 线管的成型过程＿＿＿＿＿＿＿＿＿

＿＿＿＿＿＿＿＿＿＿＿＿＿＿＿＿＿＿＿＿＿＿＿＿＿＿＿＿＿＿＿＿＿＿＿＿＿＿。

＿＿＿＿＿＿＿＿＿＿＿＿＿＿＿＿＿＿＿＿＿＿＿＿＿＿＿＿＿＿＿＿＿＿＿＿＿＿

引导问题 3：固定外径为 20mm 的 PVC 线管时，两个管卡的最大间距是＿＿＿＿＿。

2.3.3.4　敷设导线、接线

引导问题 1：根据施工图纸用红色和蓝色笔对示意图 2-27 进行线路连线。

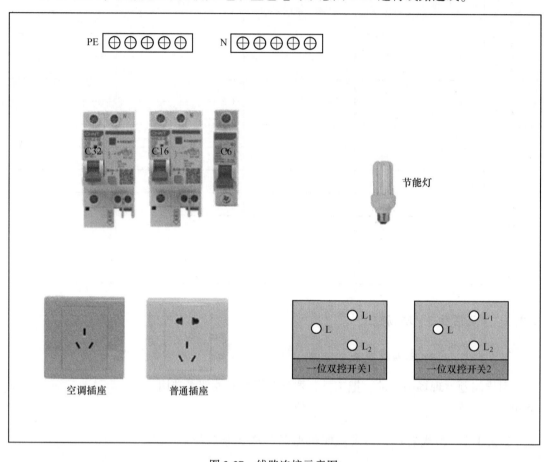

图 2-27　线路连接示意图

引导问题 2：电源配电箱内的保护开关从左到右依次是 ＿＿＿＿＿＿＿＿＿、
＿＿＿＿＿＿＿＿、＿＿＿＿＿＿＿＿。

引导问题 3：请写出 PVC 线管穿线的步骤 ＿＿＿＿＿＿＿＿＿＿＿＿＿＿
＿＿＿＿＿＿＿＿＿＿＿＿＿＿＿＿＿＿＿＿＿＿＿＿＿＿＿＿＿＿＿＿＿＿
＿＿＿＿＿＿＿＿＿＿＿＿＿＿＿＿＿＿＿＿＿＿＿＿＿＿＿＿＿＿＿＿＿。

2.3.3.5　通电前检查

引导问题 1：检查照明回路时，测试点选择在＿＿＿＿＿＿＿和＿＿＿＿＿＿＿，按动
SA_1，万用表显示电阻为＿＿＿＿＿＿＿ Ω，按动 SA_2，万用表显示电阻为＿＿＿＿＿＿＿ Ω；
再次按动 SA_1，万用表显示电阻为＿＿＿＿＿＿＿ Ω，再次按动 SA_2，万用表显示电阻为
＿＿＿＿＿＿＿ Ω，表示线路接线正确。

引导问题 2：检查插座回路，测试点选择在＿＿＿＿＿＿＿和＿＿＿＿＿＿＿，万用表显
示电阻为＿＿＿＿＿＿＿ Ω，表示插座回路＿＿＿＿＿＿＿，说明插座回路无短路现象。

2.3.3.6　通电试验

引导问题 1：照明回路通电试验时，依次接通＿＿＿＿＿＿、＿＿＿＿＿＿，按动＿＿＿＿＿＿，灯泡＿＿＿＿＿＿，按动＿＿＿＿＿＿，灯泡＿＿＿＿＿＿；再次按动＿＿＿＿＿＿，灯泡＿＿＿＿＿＿，再次按动＿＿＿＿＿＿，灯泡＿＿＿＿＿＿。通电状态下用试电笔测试灯座中心弹片，试电笔氖泡＿＿＿＿＿＿；试电笔测试灯座螺纹，试电笔氖泡＿＿＿＿＿＿，表示灯座端子接线正确。

引导问题 2：插座回路通电试验时，依次接通＿＿＿＿＿＿、＿＿＿＿＿＿，试电笔接入五孔插座的右孔，试电笔氖泡＿＿＿＿＿＿；接入五孔插座左孔，试电笔氖泡＿＿＿＿＿＿，表示连接正确。

2.3.4　学习活动 4　项目验收与评价

根据评分标准对本项目进行验收。学生进行自评，小组进行互评，教师和企业专家评审、验收，评分标准见表 2-7。

表 2-7　评分标准

考核项目	评分点	配分	评分标准	自评（30%）	互评（30%）	教师/专家评（40%）
器件的安装（20分）	箱体的安装位置	5	照明配电箱的安装位置或垂直度误差大于 5mm，扣 5 分			
	接线底盒的安装位置	2	插座接线底盒的安装位置或垂直度误差大于 5mm，扣 1 分/个			
		2	开关接线底盒的安装位置或垂直度误差大于 5mm，扣 1 分/个			
	灯具的安装位置	2	节能灯的安装位置误差大于 5mm，扣 2 分			
	器件的安装	3	箱盖、开关、插座等安装不到位或方向不正确，扣 1 分/处			
		3	至少 3 颗螺钉固定底盒，且安装牢固，不符合要求的扣 1 分/个			
		3	灯具安装不牢固，扣 3 分/个			
敷线器材安装位置（10分）	PVC 线管的安装位置	5	线管的安装尺寸误差大于 5mm，扣 1 分/处			
		5	线管安装的水平和垂直度不符合要求，扣 1 分/处			

考核项目	评分点	配分	评分标准	自评 （30%）	互评 （30%）	教师/专家评 （40%）
敷线器材的 安装工艺 和规范性 （20 分）	PVC 线管敷设	20	（1）线管管径选用不正确或不按图纸要求布局走线，扣 4 分/处； （2）线管入箱、盒时，没有正确使用连接件连接并锁紧，线管入箱处没有鸭脖子弯，扣 4 分/处； （3）线管弯曲处应圆滑，无折皱、凹穴或裂纹，不符合要求的扣 2 分/处； （4）线管弯曲半径不符合要求，扣 2 分/处； （5）线管管卡固定不符合要求，扣 2 分/处； （6）线管敷设应横平竖直、不歪斜，线管完全嵌入管卡中，不符合要求的扣 2 分/处			
照明线路 （30 分）	照明线路 敷设与接线	15	（1）照明配电箱内断路器型号选择不正确，或配线颜色、线径选择不正确，扣 2 分/处； （2）照明配电箱内配线应集中归边走线，横平竖直、无交叉，不符合要求的扣 2 分/处； （3）照明配电箱的引入引出线应敷设整齐、余量适中、不凌乱，不符合要求的扣 2 分/处； （4）接线底盒、灯座内导线应留有余量，不符合要求的扣 2 分/处； （5）线路所有接线端连接应规范可靠，无松动、无绝缘损伤、无压绝缘、导线露铜应小于 1mm，否则扣 2 分/处； （6）插座接线规范（左零右火），螺口灯座接线不规范的扣 2 分/处； （7）插座、灯具等所有需要接地的器件，缺少地线或接错地线或地线未通过接地排，扣 2 分/处			
	照明线路功能	15	灯不能根据要求正确使用开关控制亮灭，或电压不正确，插座无电或电压不正确，扣 5 分/处			

考核项目	评分点	配分	评分标准	自评 (30%)	互评 (30%)	教师/专家评 (40%)
职业与 安全意识 （20分）	安全施工	12	（1）不穿工作服、绝缘鞋扣2分/次； （2）室内施工过程不戴安全帽，扣2分/次； （3）登高作业时，不按安全要求使用人字梯，扣2分/次； （4）不按安全要求使用电动工具扣2分/次； （5）不按安全要求使用工具作业扣2分/次； （6）不按安全要求进行带电或停电检修（调试），扣4分/次			
	文明施工	8	（1）施工过程工具与器材摆放凌乱，扣1分/次； （2）工程完成后不清理现场，施工中产生的弃物不按规定处置，各扣2分/次			

说明：施工过程中违反安全操作规程，发生操作者受伤、设备损坏、短路、触电等现象者，视情节严重情况扣10~30分

小　计

合　计　总　分

工匠案例

"文墨精度"的创造者——方文墨

钳工是当下在所有工业生产中仍然需要手工实现的工种，教科书上手工锉削精度的极限是0.01mm，而方文墨创造的0.003mm加工公差被称为"文墨精度"，相当于头发丝的二十五分之一，他带领的"方文墨班"创造的0.00068mm锉削公差，引领着我国航空器零部件加工的极限精度，为国产战机关键部件的安全应用做出了突出贡献。

方文墨，航空工业沈阳飞机工业（集团）有限公司的一名钳工，他18岁时以沈飞技校钳焊专业第一名的成绩分配进入沈飞公司工作，25岁时成为沈飞公司历史上最年轻的高级技师，26岁时成为本工种最年轻的全国钳工冠军，28岁荣获全国五一劳动奖章，29岁被聘为中航工业首席技能专家，34岁享受国务院特殊津贴。

方文墨身高1.88m，体重200斤，不少老师傅都认为这样的身体条件根本不可能成为出色的钳工。但方文墨偏不信，他把家里的阳台改造成了练功房，每天下班继续苦练技术。通常钳工一年会换10多把锉刀，方文墨一年却换了200多把，他就这样一直坚持着，

加工精密度从 0.1mm、0.05mm、0.02mm、到 0.003mm、再到 0.00068mm，方文墨不断缩小零件加工公差的刻度。

技能创造未来，方文墨说："只要我们肯吃苦、耐得住寂寞、刻苦练习、钻研技能，就可以用技能的精度，改变人生的高度！"从方文墨身上，我们看到大国工匠对每道工序凝神聚力、精益求精、追求极致的品质精神。

课 后 练 习

2-1 填空题

(1) 如需要实现两个开关控制一盏灯的功能，需要选用_____开关。双联开关又称为____开关，它有一个_____端和两个_____端，组成一对动合触点和一对动断触点。

(2) 单相两孔插座安装时，面对插座的右孔或上孔与_____线连接，左孔或下孔与_____线连接，即"_____"或"_____"。

(3) 单相三孔插座安装时，面对插座的右孔与_____线连接，左孔与_____线连接，上面的孔与_____线连接，即"_____"。

(4) 潮湿场所采用密封型并带保护线触头的保护型插座，安装高度不低于_____ m。

(5) 当不采用安全型插座时，幼儿园及小学等儿童活动场所安装高度不小于_____ m。

(6) 住宅内的热水器、柜式空调应选用不小于_____ A 的三孔插座或_____插座，其他插座选用_____孔_____ A 插座，厨房、卫生间应选用_____的插座。

(7) 车间及实验室的插座安装高度距地面不小于_____ m，特殊场所暗装的插座高度不小于_____ m。

(8) 小功率插座的安装高度一般为_____ ~ _____ m，距地面高度不应小于_____ m。

2-2 简答题

如果本项目的双控开关 SA_1 的公共端与接线端接线接反了，线路会出现短路现象吗？线路通电后会有什么现象？分析导致此现象的原因。

项目 3　公寓室内线路的安装与调试

项目学习目标

·知识目标

(1) 掌握照明电气平面图的读图方法，学会正确识读照明电气平面图。

(2) 了解网络线路、电视线路、电话线路的器件和材料的作用、分类、性能特点和使用场合等，掌握其安装规范和安装方法。

(3) 了解多功能网线钳、信息模块打线刀、同轴电缆剥线钳、网络测试仪等弱电工具的作用和结构，掌握其使用方法、使用技巧和使用规范。

·能力目标

(1) 能够正确选用和使用工具制作各种弱电接头和信息模块。

(2) 能够根据《施工单》和施工图纸，按相关规程和规范敷设 PVC 线管和线槽混合布线的线路，安装、调试和检测公寓照明线路和弱电线路。

(3) 能够运用本项目所学知识和技能解决生活中的实际问题。

·素质目标

(1) 养成遵守安全操作规程，爱护设备、工具、量具，保护工作环境清洁有序的习惯。

(2) 形成安全操作、文明生产的责任意识。

·思政目标

(1) 践行社会主义核心价值观，增强大国自信、文化自信的爱国情感和社会责任感。

(2) 弘扬内心笃定、着眼于细节的耐心、执着和坚持的专注精神，初步形成团结协作、吃苦耐劳的职业品质。

工作情境描述

某装修公司承接了一套公寓的室内线路的安装项目，设计工程师已经根据客户要求设计出施工图纸并开出《施工单》，请你根据《施工单》及施工图纸到施工现场完成任务，《施工单》及施工图纸如图 3-1 所示。

3.1　知识储备

3.1.1　识读施工图纸

本项目提供的施工图纸有照明供配电系统图、照明平面图、插座平面图、弱电平面图、电气设备与器件安装位置示意图和照明及弱电布线示意图，每幅图纸的标题栏注明了图名、图号、设计者等信息，识读施工图纸时，对上述图纸配合识读才能获取完整的信息。

××公寓室内线路安装工程
施　工　单

施工单编号　No：××××××

发单日期：××××年××月××日

工　程　名　称	××公寓室内照明线路安装工程	
工　位　号		施工日期	

<table>
<tr><td rowspan="1">施工内容</td><td>（1）根据公寓配电系统图选择器件和材料，完成照明配电箱内部器件的安装；
（2）根据公寓器件安装位置示意图、公寓照明平面图、公寓弱电平面图完成器件、线槽、线管和相关附件的选择与安装；
（3）根据公寓配电系统图、公寓照明平面图、公寓插座平面图和公寓弱电平面图完成配电线路、照明控制线路和弱电线路的安装与调试</td></tr>
<tr><td>施工技术资料</td><td>图 3-1（a）：001 号图纸——公寓配电系统图
图 3-1（b）：002 号图纸——公寓照明平面图
图 3-1（c）：003 号图纸——公寓插座平面图
图 3-1（d）：004 号图纸——公寓弱电平面图
图 3-1（e）：005 号图纸——公寓器件安装位置示意图
图 3-1（f）：006 号图纸——公寓照明及弱电布线示意图</td></tr>
<tr><td>施工要求</td><td>（1）按《电气安全工作规程》进行施工；
（2）按《电气装置安装工程低压电器施工及验收规范》要求安装器件和控制线路；
（3）按《建筑电气工程施工质量验收规范》中的验收标准安装电气线路</td></tr>
</table>

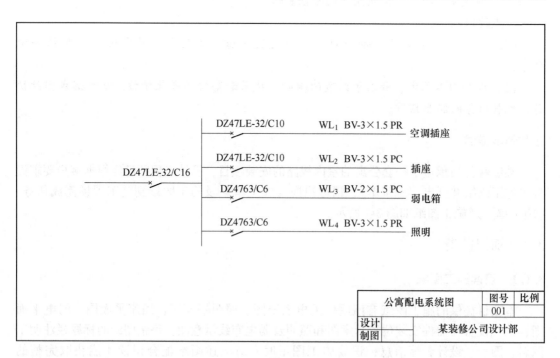

（a）

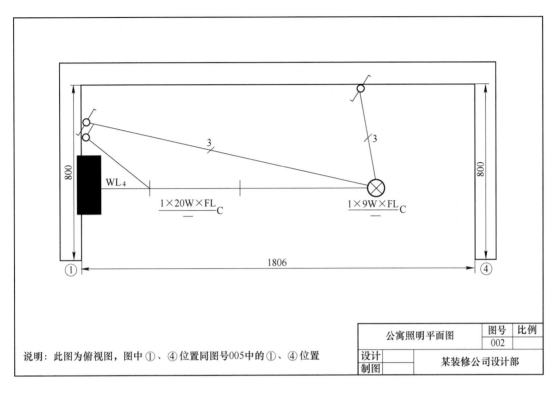

公寓照明平面图	图号	比例
	002	
设计		某装修公司设计部
制图		

说明：此图为俯视图，图中①、④位置同图号005中的①、④位置

(b)

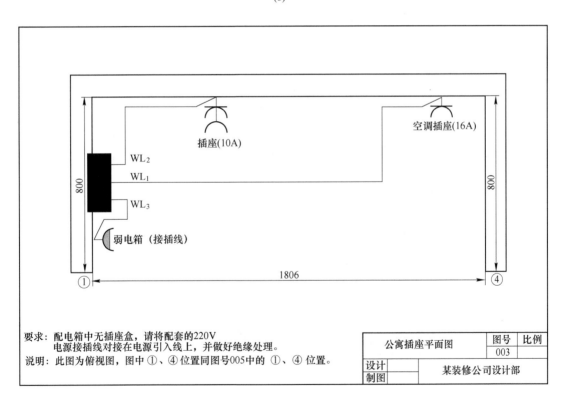

要求：配电箱中无插座盒，请将配套的220V
　　　电源接插线对接在电源引入线上，并做好绝缘处理。
说明：此图为俯视图，图中①、④位置同图号005中的①、④位置。

公寓插座平面图	图号	比例
	003	
设计		某装修公司设计部
制图		

(c)

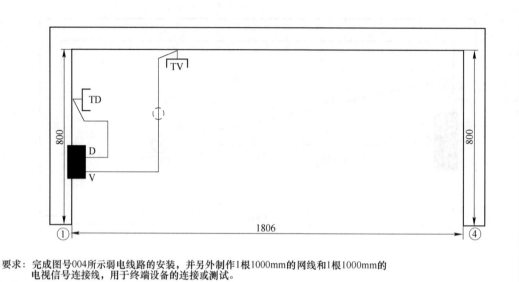

要求：完成图号004所示弱电线路的安装，并另外制作1根1000mm的网线和1根1000mm的
电视信号连接线，用于终端设备的连接或测试。

说明：此图为俯视图，图中①、④位置同图号005中的①、④位置。

公寓弱电平面图		图号	比例
		004	
设计	某装修公司设计部		
制图			

(d)

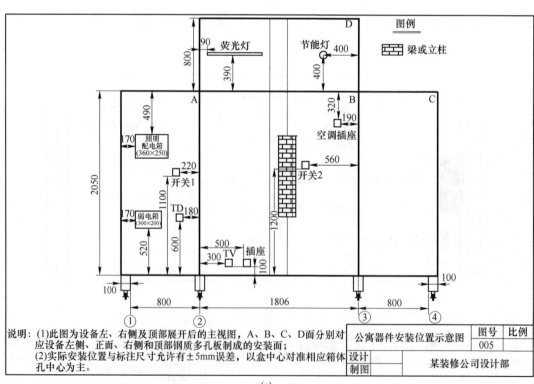

说明：(1)此图为设备左、右侧及顶部展开后的主视图，A、B、C、D面分别对应设备左侧、正面、右侧和顶部钢质多孔板制成的安装面；
(2)实际安装位置与标注尺寸允许有±5mm误差，以盒中心对准相应箱体孔中心为主。

公寓器件安装位置示意图		图号	比例
		005	
设计	某装修公司设计部		
制图			

(e)

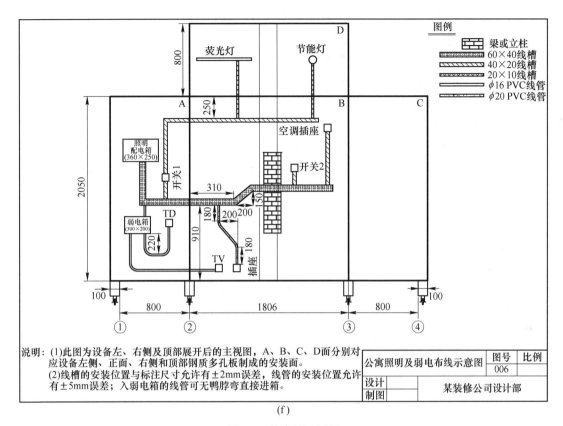

图 3-1 公寓施工图纸

（a）公寓配电系统图；（b）公寓照明平面图；（c）公寓插座平面图；（d）公寓弱电平面图；

（e）公寓器件安装位置示意图；（f）公寓照明及弱电布线示意图

3.1.1.1 识读照明配电系统图

本项目的配电系统图如图 3-2 所示，由图可知，总开关控制了空调插座回路（WL_1）、插座回路（WL_2）、弱电箱回路（WL_3）和照明回路（WL_4）4 个回路。总开关使用额定电流为 16A 的漏电保护断路器，空调插座回路和插座回路均使用额定电流为 10A 的漏电保护断路器，弱电箱回路和照明回路均使用额定电流为 6A 的空气断路器。

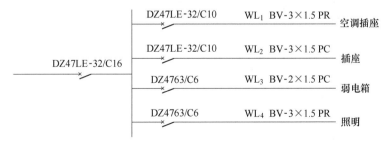

图 3-2 公寓的照明配电系统图

查表 2-1 和表 2-2 可知，各回路导线的参数、数量及敷设方式如下。

（1）空调插座回路（WL$_1$）：敷设参数为 BV-3×1.5PR，表示使用 3 根截面积为 1.5mm^2 的塑料绝缘铜芯线，经线槽敷设。

（2）插座回路（WL$_2$）：敷设参数 BV-3×1.5PC，表示使用 3 根截面积为 1.5mm^2 的塑料绝缘铜芯线，穿 PVC 线管敷设。

（3）弱电箱回路（WL$_3$）：敷设参数为 BV-2×1.5PC，表示使用 2 根截面积为 1.5mm^2 的塑料绝缘铜芯线，穿 PVC 线管敷设。

（4）照明回路（WL$_4$）：敷设参数为 BV-3×1.5PR，表示使用 3 根截面积为 1.5mm^2 的塑料绝缘铜芯线，经线槽敷设。

3.1.1.2 识读示意图

本项目提供了电气安装位置和布线示意图，如图 3-3 所示。

实训装置由左面（A 面）、正面（B 面）、右面（C 面）和顶部（D 面）组成，模拟一间长 1806mm、深 800mm、高 2050mm 的房间。正面（B 面）上有一根柱子，左面（A 面）安装了照明配电箱、弱电箱、开关和网络插座，正面（B 面）安装了空调插座、开关、插座和电视插座，顶部（D 面）安装了荧光灯和节能灯各一盏，右面（C 面）未安装器件，具体的墙面尺寸和器件的安装位置在 3-3（a）中标示。本项目使用 60mm×40mm、40mm×20mm、20mm×10mm 规格的线槽和直径为 16mm 和 20mm 的 PVC 线管进行明敷布线，线槽和线管的敷设路径如图 3-3（b）所示。

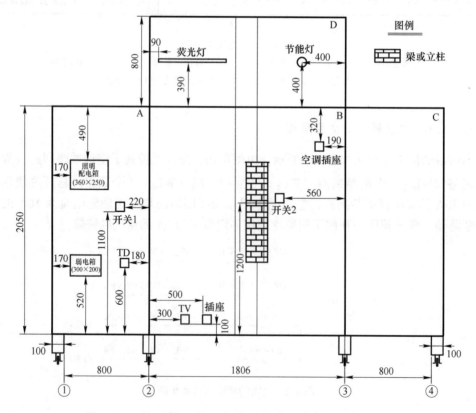

(a)

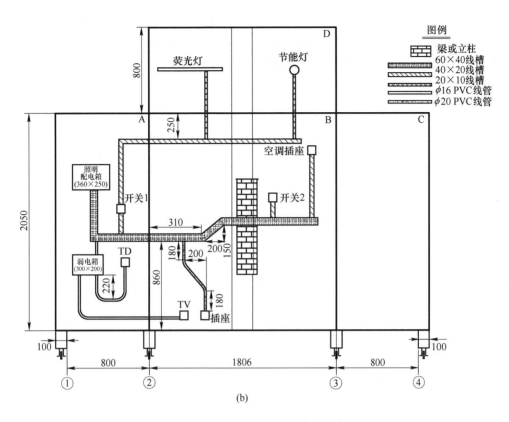

图 3-3　公寓电气安装位置与布线示意图

（a）公寓器件安装位置示意图；（b）公寓照明布线示意图

3.1.1.3　识读照明电气平面图

照明电气平面图是在建筑平面图上，用照明电气平面图的图形符号表示各种器件，用图线表示各种器件间的连接关系的平面图。照明电气平面图是俯视图，它能反映灯具、开关、插座等器件的类型、安装位置和安装方式，但不能反映其安装高度，它是电气施工图纸中最重要的图纸之一。

识读照明电气平面图时，需识别照明电气平面图的图形符号、掌握导线表示方法和灯具表示方法。

A　照明电气平面图常用的图形符号

照明电气平面图的图形符号使用国家标准《电气简图用图形符号》（GB/T 4728）中规定的符号，但与照明电气原理图的图形符号有所不同，照明电气平面图常用的图形符号见表 3-1。

B　照明电气平面图导线的表示方法

照明电气平面图导线表示方法与照明配电系统图的导线表示方法相同。

$$a - b - (c \times d)e - f$$

式中，a 为导线回路编号或用途；b 为导线型号；c 为导线根数；d 为导线截面积（mm^2）；

e 为敷设管径；f 为敷设部位。值得注意的是，照明电气平面图中的导线只要走向相同，无论导线的根数多少，都可以用一根图线表示；同时在图线上画上短斜线表示根数，也可以画一根短斜线，在旁边标注数字表示根数，所标注的数字不小于 3；对于 2 根导线，可用一条图线表示，不必标注根数。

表 3-1　照明电气平面图常用的图形符号

名　称	图形符号	说　明	名　称	图形符号	说　明
断路器			照明配电箱		
开关		开关一般符号	插座		插座一般符号
双控开关			带保护极的三孔插座		
带指示灯开关			带开关插座		带单极开关的插座
单极拉线开关			带保护极的五孔插座		
单极开关		明装	插座		明装
		暗装			暗装
		密闭			密闭
		防爆			防爆
双极开关		明装	三孔插座		明装
		暗装			暗装
		密闭			密闭
		防爆			防爆
三极开关		明装	三相四孔插座		明装
		暗装			暗装
		密闭			密闭
		防爆			防爆
灯		灯的一般符号	电信插座		电信插座一般符号
花灯			荧光灯		单管
					三管
壁灯			吸顶灯		

C 照明电气平面图灯具的表示方法

照明电气平面图中，灯具的表示方法如下：

$$a - b\frac{c \times d \times L}{e}f$$

式中，a 为灯具数量；b 为灯具型号或类型，具体的灯具类型可查看表 3-2；c 为每盏灯具的光源数；d 为光源的功率（W）；L 为光源的种类（常省略），具体的灯具光源的种类可查看表 3-3；e 为灯具悬挂高度（m），e 可以省略或用"—"代替表示吸顶安装；f 为灯具安装方式，具体的灯具安装方式可查看表 3-4。

表 3-2 灯具类型的文字符号

灯具类型	文字符号	灯具类型	文字符号	灯具类型	文字符号
壁灯	B	卤钨探照灯	L	花灯	H
吸顶灯	D	普通吊灯	P	水晶底罩灯	J
防水防尘灯	F	搪瓷伞罩灯	S	荧光灯灯具	Y
工厂一般灯具	G	投光灯	T	柱灯	Z
防爆灯	G 或专用符号	无磨砂玻璃罩万能型灯	W		

表 3-3 灯具光源的种类

光源种类	白炽灯	荧光灯	汞灯	碘钨灯	钠灯	氙灯	氖灯
符号	IN	FL	Hg	I	Na	Xe	Ne

表 3-4 灯具安装方式

符　号	安装方式	符　号	安装方式
SW	线吊式自在器安装	R	嵌入式安装
CS	链吊式安装	CR	顶棚内安装
DS	管吊式安装	WR	墙壁内安装
W	壁装式安装	S	支架上安装
C	吸顶式安装	CL	柱上安装

例：某灯具表达式为 $4 - P\frac{5 \times 25W}{1.8}CS$ ，"4"表示灯具数量为 4 盏，"P"表示灯具类型为吊灯，"5"表示每盏灯的光源数量为 5 个，"25W"表示每个光源的功率为 25W，"CS"表示灯具安装方式为链吊式安装，"1.8"表示安装高度离地 1.8m。整个表达式表示 4 盏链吊式吊灯，每盏吊灯内装 5 个功率为 25W 的灯泡，安装高度离地 1.8m。

D　公寓照明电气平面图的识读

a　照明布线平面图

本项目照明布线平面图如图 3-4 所示，左面安装了双控开关、单控开关和照明配电箱各 1 个，正面安装了 1 个双控开关，顶部安装了荧光灯和节能灯各一盏。图中"├───┤"表示单管荧光灯，表达式"$\dfrac{1 \times 20W \times FL}{—}C$"表示一盏 20W 的荧光灯吸顶式安装，其中，"1"表示灯具的光源数量为 1 个，"20W"表示光源的功率为 20W，"FL"表示灯具的光源种类为荧光灯，"C"表示灯具的安装方式为吸顶式安装，"—"表示灯具的悬挂高度没有要求。该灯具由安装在左面的单控开关控制。图中"$\bigotimes$"是灯的一般符号，表达式"$\dfrac{1 \times 9W \times FL}{—}C$"表示一盏 9W 荧光光源的节能灯吸顶式安装，其中，"1"表示灯具的光源数量为 1 个，"9W"表示光源的功率为 9W，"FL"表示灯具的光源种类为荧光灯，"C"表示灯具安装方式为吸顶式安装，"—"表示灯具的悬挂高度没有要求。该灯具分别由左面和正面的双控开关进行异地控制，图中导线上所标的"/3"表示 3 根导线。

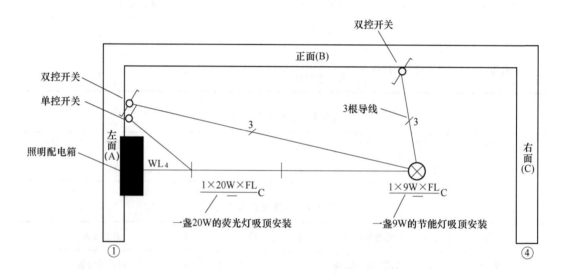

图 3-4　公寓照明布线平面图

b　插座布线平面图

本项目插座布线的平面图如图 3-5 所示。安装在左面的照明配电箱输出 3 个回路，分别是空调插座回路 WL_1，它为安装在正面的 16A 三孔空调插座供电；插座回路 WL_2，它为安装在正面的 10A 五孔插座供电；弱电箱插座回路 WL_3，它为安装在弱电箱内的交流 220V 电源模块供电。

c　弱电布线的平面图

本项目弱电布线的平面图如图 3-6 所示。安装在左面的弱电箱输出网络线路 D 和电视线路 V，分别与安装在左面的网络插座和正面的电视插座连接，电视线路须使用带屏蔽网的同轴电缆。

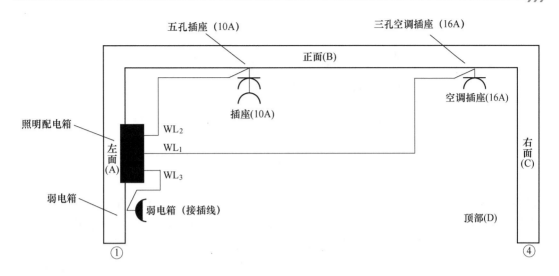

图 3-5 插座布线平面图

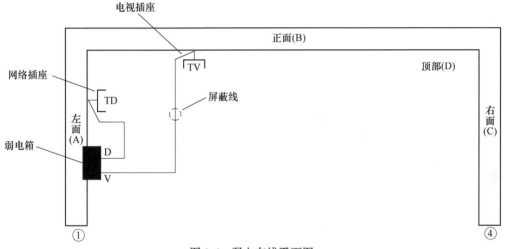

图 3-6 弱电布线平面图

3.1.2 认识常用弱电工具

3.1.2.1 多功能网线钳

多功能网线钳是制作网线水晶头和电话线水晶头的必备工具，常见的多功能网线钳如图 3-7 所示。多功能网线钳前端有 3 个压线槽口，分别是 6P、8P 和 4P 压线槽口，8P 压线槽口用于压接 RJ-45 网线水晶头，4P 和 6P 压线槽口用于压接 RJ-11 电话线水晶头，剥线口用于剥除信号线外层绝缘层，剪线口用于切断网线的线芯。

扫一扫查看
视频 3-1

3.1.2.2 网络测试仪

网络测试仪又称为网络检测仪，用于局域网故障检测、维护和检测带水晶头的电话线

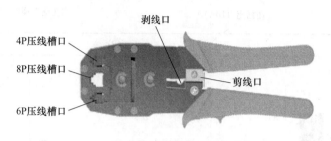

图 3-7 多功能网线钳

或网线的好坏。常用网络测试仪如图 3-8 所示,网络测试仪的两个 8P 测试接口用于测试网线,两个 6P 测试接口用于测试电话线。测试开关对网络测试仪进行关闭、快速测试和慢速测试三个模式的切换控制。当测试开关处于"OFF"位置时,网络测试仪处于关闭电源状态;当测试开关处于"ON"位置时,网络测试仪处于快速测试模式;当测试开关处于"S"位置时,网络测试仪处于慢速测试模式。

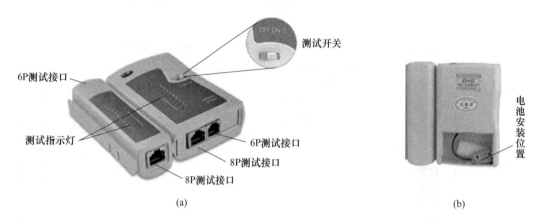

图 3-8 网络测试仪
(a) 网络测试仪正面;(b) 网络测试仪背面

网络测试仪一般由两节 1.5V 电池或一块 9V 电池供电,9V 电池安装步骤如图 3-9 所示,打开网络测试仪电池后盖,把电池对准电池安装接头,接头的大口对准电池的小口,接头的小口对准电池的大口,用力扣上电池,把电池放入电池储存口并盖好后盖。

图 3-9 网络测试仪电池安装步骤
(a) 电池对准电池安装接头;(b) 用力扣上电池;(c) 把电池放入电池储存槽

测试时，把需要检测的网线或电话线接入测试仪对应的接口，接通测试仪电源开关，查看测试仪指示灯。若测试的线缆为直通线缆，发出端指示灯和接收端指示灯的 8 个绿灯依次闪亮；若测试的线缆为交叉线缆，发出端指示灯 1~8 绿色指示灯依次闪亮，接收端指示灯根据 3、6、1、4、5、2、7、8 顺序依次闪亮。

若测试仪接收端指示灯出现任何一个对应的灯没有按照要求点亮，应检查两端芯线的排列顺序是否安装正确。如果不是，剪掉错误的一端重新按排列顺序制作水晶头；如果芯线顺序正确，则表明芯线接触不良，可以先用网线钳压紧两端后再次测量；若问题还无法解决，可以剪掉一端按另一端芯线顺序重做一个水晶头，再进行测试。

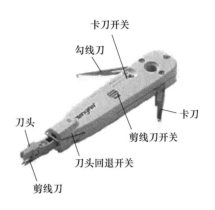

图 3-10　信息模块打线刀

3.1.2.3　信息模块打线刀

信息模块打线刀主要用于信息模块的打线，主要由刀头、剪线刀、卡刀和勾线刀等组成，如图3-10所示。

信息模块打线刀可以把线芯打入到信息模块卡线槽中，通过刀头卡住相应芯线，把芯线压到卡线槽底部，同时剪线刀剪去多余的线头，如图 3-11（a）所示。如果要把芯线重新打入到信息模块卡线槽中，可使用卡刀，如图 3-11（b）所示；如果要把需要重新打线的芯线进行修整，可使用勾线刀把芯线勾出来，如图 3-11（c）所示。

扫一扫查看
视频 3-2

(a)

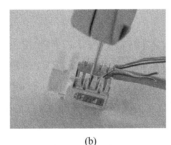

(b)

(c)

图 3-11　信息模块打线刀的使用方法
（a）刀头和剪线刀的使用方法；（b）卡刀的使用方法；（c）勾线刀的使用方法

3.1.2.4　同轴电缆剥线钳

同轴电缆剥线钳是用于同轴电缆剥线的专用工具，由挂环、钳口和开关等组成，如图 3-12 所示。

扫一扫查看
视频 3-3

同轴电缆剥线钳的钳口内配有三把不同高度的刀片，刀片 1 和刀片 2 间距为 4mm，刀片 2 和刀片 3 间距为 8mm。剥线时，把同轴电缆放入同轴电缆剥线钳钳口，手指穿入挂环，缓慢旋转直至同轴电缆剥线钳的三把刀片切断同轴电缆不同层的材料，取下被切断的材料即可，剥线效果如图 3-13 所示。

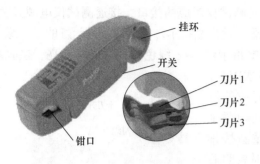

图 3-12　同轴电缆剥线钳

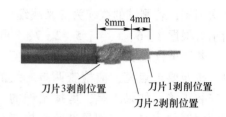

图 3-13　同轴电缆剥线后的尺寸示意图

同轴电缆剥线钳钳口内的三把刀片可通过其背面的三颗螺钉进行刀片深度调节，三颗螺钉分别对应着三把刀片，如图 3-14 所示。当需要调节同轴电缆剥线钳刀片深度时，使用内六角螺丝刀进行调节，如图 3-15 所示。

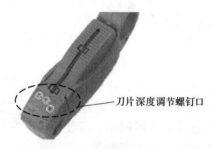

图 3-14　刀片深度调节螺钉口位置

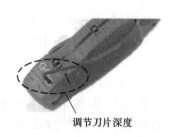

图 3-15　刀片深度调节方法

3.1.3　认识弱电器件和材料

在建筑电气技术领域中，分为强电（电力）和弱电（信息）两部分。其中，强电的处理对象是能源（电力），其特点是电压高、电流大、功率大、频率低，主要考虑的问题是减少损耗、提高效率；弱电的处理对象主要是信息，即信息的传送和控制，其特点是电压低、电流小、功率小、频率高，主要考虑的是信息传送的效果问题，如信息传送的保真度、速度、广度、可靠性等。

建筑中的弱电主要有两类：一类是国家规定的安全电压等级及控制电压等低电压电能，有交流与直流之分，如 24V 直流控制电源或应急照明灯备用电源；另一类是载有语音、图像、数据等信息的信息源，如电话、电视、计算机的信息。

3.1.3.1　弱电箱

弱电箱对住宅弱电信号线统一管理，有利于住宅布线的整体美观，实现资源共享。弱电箱主要由箱体和面板组成，如图 3-16（a）所示。根据需要可以在其内安装电话模块、有线电视模块、无线路由器模块、直流电源模块和交流 220V 电源插座模块等，如图 3-16（b）所示。弱电箱将住宅中的强电和弱电分开，强电导线产生的涡流感应不会影响到弱电信号，使弱电信息传输更加稳定。

扫一扫查看
视频 3-4

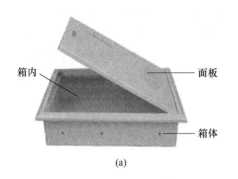

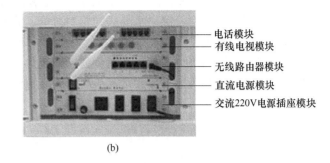

图 3-16　弱电箱

(a) 常用弱电箱；(b) 弱电箱箱内模块

3.1.3.2　网络线路

敷设网络线路用到的材料主要有网线、RJ45 水晶头、RJ45 信息模块和信息面板等。运营商的进户网线接入弱电箱的无线路由器模块输入端，信号经无线路由器处理后从该模块的信号输出端输出，通过压接在网线上的 RJ45 水晶头、网线传送到安装在墙上的 RJ45 信息模块供用户使用。

A　网线

网线也就是双绞线，用于局域网内以及局域网与以太网的数字信号传输。如图 3-17 所示，双绞线采用了一对互相绝缘的金属导线互相绞合的方式来抵御一部分外界电磁波干扰，由不同颜色的 4 对 8 芯线组成，每两条交织在一起，成为一个芯线对。把两根绝缘的铜导线按一定密度互相绞在一起，可以降低信号干扰的程度。双绞线可分为非屏蔽双绞线（UTP）和屏蔽双绞线（STP），住宅网络布线最常用的是

图 3-17　双绞线

UTP。屏蔽双绞线能够将近端串扰减至最小或加以消除，线的内部有一层金属隔离膜，在数据传输时可用 STP 屏蔽双绞线，减少电磁干扰，稳定性较高。

双绞线作为网络连接的传输介质，网络上所有信息都在此线路中传输，如果双绞线质量不好，传输速率就会受到限制。双绞线按电气性能分为三类、四类、五类、超五类、六类、七类双绞线等类型，数字越大，表示级别越高、技术越先进、带宽越宽、价格越贵。在住宅网络布线中，常用五类、超五类或者六类非屏蔽双绞线。超五类和六类非屏蔽双绞线可以提供 155Mbit/s 的通信带宽，并有升级至千兆的带宽潜力，因此成为布线的首选线缆。

B　RJ45 水晶头及其制作

a　RJ45 水晶头的结构及种类

RJ45 水晶头又称 RJ45 接头，如图 3-18 (a) 所示，它有 8 片平行排列的金属片，每个金属片前端都有一个突出透明框的部分，从外表来看就是一个金属接点。RJ45 水晶头按金属片的形状划分为二叉式水晶头和三叉式水晶头，二叉式水晶头的金属片有两把侧

刀，如图 3-18（b）所示，三叉式水晶头的金属片有三把侧刀，如图 3-18（c）所示。金属片的前端有一小部分穿出水晶头的塑料外壳，形成与 RJ45 信息模块接触的金属脚。在压接网线的过程中，金属片的侧刀必须刺入双绞线的线芯，并与线芯的铜质线芯接触良好，以联通整个网络。水晶头金属片的叉数越多，与线芯接触的面积越大，导通的效果也越好，三叉式水晶头比二叉式水晶头更适合高速网络。

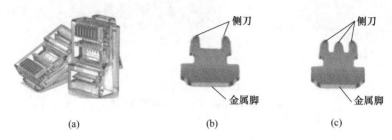

图 3-18 RJ45 水晶头

（a）RJ45 水晶头；（b）二叉式金属片；（c）三叉式金属片

b RJ45 水晶头的制作

RJ45 水晶头的制作方式有两种国际标准，分别为 T568A 标准和 T568B 标准。

T568A 标准的线序从左到右依次为：（1）白绿色；（2）绿色；（3）白橙色；（4）蓝色；（5）白蓝色；（6）橙色；（7）白棕色；（8）棕色，如图 3-19 所示。

扫一扫查看
视频 3-5

T568B 标准的线序从左到右依次为：（1）白橙色；（2）橙色；（3）白绿色；（4）蓝色；（5）白蓝色；（6）绿色；（7）白棕色；（8）棕色，如图 3-20 所示。

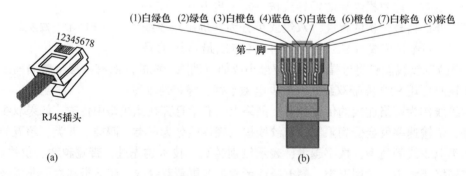

图 3-19 T568A 标准线序

（a）RJ45 水晶头金属脚排序示意图；（b）T568A 标准线序示意图

网线的连接方法有两种，即直通接法和交叉接法，如图 3-21 所示。网线的直通接法是网线两端均采用 T568A 或 T568B 标准线序压制水晶头，这种接法用于不同设备间的通信，如路由器与计算机的连接；网线的交叉接法是网线一端采用 T586A、另一端采用 T568B 线序压制水晶头，这种接法用于同类设备间的通信，如计算机与计算机的连接，在住宅弱电线路布线中多采用直通接法。

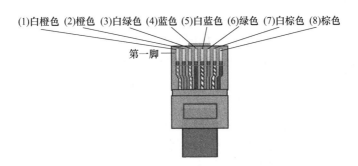

(1)白橙色 (2)橙色 (3)白绿色 (4)蓝色 (5)白蓝色 (6)绿色 (7)白棕色 (8)棕色

第一脚

图 3-20 T568B 标准线序

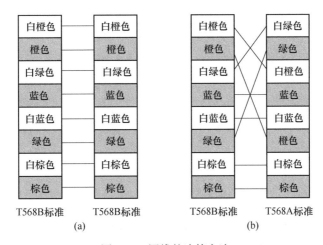

图 3-21 网线的连接方法
（a）网线直通接法；（b）网线交叉接法

以 T568B 标准为例制作 RJ45 水晶头操作步骤如下。

（1）剥线。把网线放入多功能网线钳的剥线刀口轻轻压紧，缓慢旋转网线使剥线刀口划开网线的保护层，取出网线保护层露出 4 组双绞线和 1 条白色抗拉线，用剪刀剪去白色抗拉线，如图 3-22 所示。

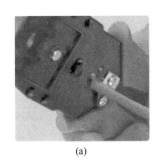
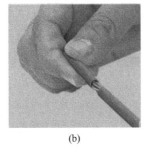
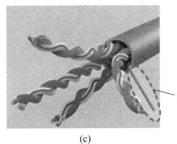

抗拉线

(a)   (b)   (c)

图 3-22 剥线
（a）划开网线的保护层；（b）取出网线保护层；（c）4 组双绞线和白色抗拉线

剥线长度大约 3cm，便于后续理线，如图 3-23 所示。

（2）理线。按 T568B 标准把四组双绞线摆开，即从左到右依次为橙色、蓝色、绿色、棕色，如图 3-24（a）所示；逐组解开四组双绞线，且白色相间线放在每组线的左边，即从左到右依次为白橙色、橙色、白蓝色、蓝色、白绿色、绿色、白棕色、棕色，如图 3-24（b）所示；把第 3 根线芯和第 5 根线芯对调，即白蓝色和白绿色对调，从左到右依次为

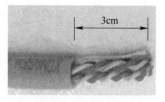

图 3-23　剥线长度

白橙色、橙色、白绿色、蓝色、白蓝色、绿色、白棕色、棕色，如图 3-24（c）所示；把 8 根线芯整理顺直，避免线间缠绕和重叠。捋线时，用双手抓紧线芯向两个相反方向用力，如图 3-24（d）所示。T568B 线序排列口诀：橙蓝绿棕，白色在前，三五对调。

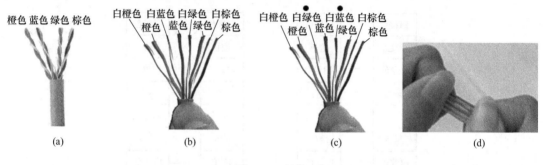

图 3-24　理线

（a）把四组双绞线摆开；（b）解开四组双绞线；（c）第 3 根和第 5 根线芯对调；（d）捋顺并扯直线芯

（3）剪线。用多功能网线钳的剪线刀口剪去多余的线芯，如图 3-25（a）所示。裁剪时 8 根线芯应该排成一排，不能重叠，放入多功能网线钳的剪线刀口一次剪断，确保剪线口平齐，效果如图 3-25（b）所示。线芯留约 13mm，这个长度正好能将各线芯卡入水晶头的线槽，同时压接后水晶头能压住绝缘层。如果该段留得过长，可能会出现信号串扰，水晶头不牢固，导致线路的接触不良甚至中断。

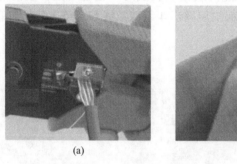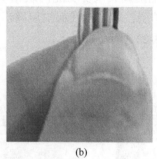

图 3-25　剪线

（a）裁剪线芯；（b）裁剪线芯的效果图

（4）接水晶头。将水晶头有塑料弹簧片的一面朝下，8 个铜片的一面朝上，缓缓用力把 8 根线芯沿水晶头内的 8 个线槽插入水晶头顶端，如图 3-26（a）所示；从水晶头的顶

部检查，确保每一根线芯均顶到水晶头的末端，如图 3-26（b）所示。

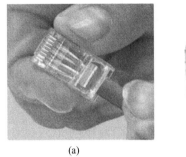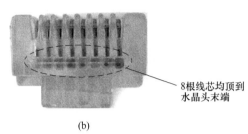

8根线芯均顶到
水晶头末端

(a) (b)

图 3-26 接水晶头

(a) 把 8 根线芯插入水晶头；(b) 8 根线芯均顶到水晶头的末端

（5）压线。把水晶头放入多功能网线钳的 8P 槽口，如图 3-27（a）所示，用力握紧网线钳进行压线，把水晶头凸出在外面的金属脚全部压入水晶头内，听到轻微的"咔"一声即可。完成压线的水晶头的 8 根金属脚全部被压入水晶头内，且水晶头的塑料扣位压紧网线的保护层，如图 3-27（b）所示。

重复上述步骤，网线的另一端按实际需要选择 T568A 或 T568B 标准线序制作水晶头。

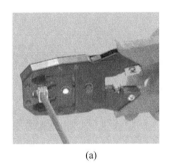

塑料扣位压紧
网线保护层

(a) (b)

图 3-27 压线

(a) 压线；(b) 完成制作的 RJ45 水晶头

（6）测试。网线两端的水晶头制作完成后需使用网络测试仪进行测试，测试时把网线两端的水晶头接入测试仪的两个网线测试口，查看测试仪指示灯，测试仪信号发出端指示灯和接收端指示灯的 8 个绿灯依次闪亮表示水晶头接线正确，如图 3-28 所示。如果接收端指示灯的 8 个绿灯的点亮顺序与发出端指示灯的点亮顺序不一致或个别灯不亮，表示线序错误或线芯与水晶头金属脚接触不良，需重新制作水晶头。

C RJ45 信息模块及其制作

RJ45 信息模块与 RJ45 水晶头组成的连接器连接于网络线之间，以实现网络线的电气连续性。RJ45 信息模块分为打线型和免打线型两种。

a 打线型 RJ45 信息模块

打线型 RJ45 信息模块如图 3-29（a）所示，模块有两排金属夹子，每排有 4 个共 8 个金属夹子。RJ45 信息模块侧面印有 A、B 两种线序，如果水晶头采用 T568A 标准，信息模块应选择"A"色标线序打线，如图 3-29（b）所示；如果水晶头采用 T568B 标准，信

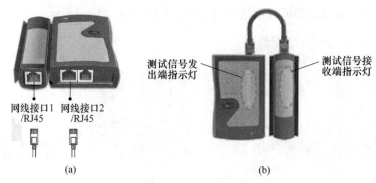

图 3-28　测试水晶头

（a）网线测试口位置；（b）网线测试

息模块应选择"B"色标线序打线，如图 3-29（c）所示。

打线型 RJ45 信息模块的制作步骤如下。

（1）剥线。用多功能网线钳的剥线刀口剥去网线外层保护层，露出四组双绞线，用剪刀剪去网线的白色抗拉线，如图 3-30 所示。

（2）卡线。把四组双绞线打开，如果网线另一端水晶头按 T568B 标准压接，则应按"B"色标的线序把 8 根线芯卡进信息模块相应的卡槽，如图 3-31 所示，否则按"A"色标的线序卡线。

扫一扫查看
视频 3-6

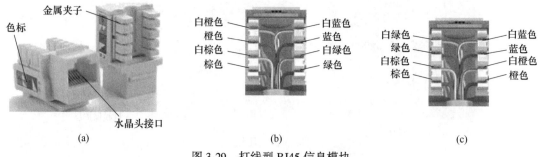

图 3-29　打线型 RJ45 信息模块

（a）RJ45 模块外形；（b）T568A 线序的 RJ45 模块；（c）T568B 线序的 RJ45 模块

图 3-30　剥线后效果

图 3-31　卡线

（3）打线。用信息模块打线刀的卡线缺口对准卡槽的线芯用力往下压，即可把线芯打进信息模块的线槽内，同时把多余的线头剪去，如图 3-32（a）所示；RJ45 信息模块的打线效果如图 3-32（b）所示。

（a）　　　　　　　　　　　　　　　（b）

图 3-32　打线
（a）打线；（b）RJ45 信息模块的打线效果

（4）测试。完成打线的 RJ45 信息模块需进行测试，测试时把制作好的信息模块与测试网线连接，再接入网络测试仪的两个网线测试口。测试仪信号发出端指示灯和接收端指示灯的 8 个绿灯依次闪亮表示水晶头接线正确，如果接收端指示灯的 8 个绿灯的点亮顺序与发出端指示灯的亮顺序不一致或个别灯不亮，表示线序错误或线芯与信息模块金属片接触不良，需重新制作水晶头。

b　免打线型 RJ45 信息模块

免打线型 RJ45 信息模块如图 3-33 所示。信息模块里有 8 个金属夹子，扣锁帽里集成了锁扣机构，压接网线时，扣锁帽里的锁扣机构能够确保线芯压进金属夹子内并防止滑动。扣锁帽一般为透明的，以方便观察线芯与金属夹子的咬合情况。

扫一扫查看
视频 3-7

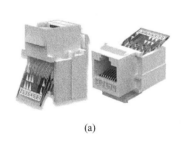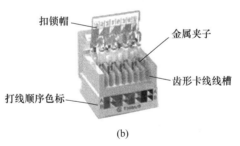

扣锁帽
金属夹子
齿形卡线线槽
打线顺序色标

（a）　　　　　　　　　　　　　（b）　　　　　　　　　　　　（c）

图 3-33　免打线型 RJ45 信息模块
（a）信息模块外形；（b）信息模块组成；（c）信息模块的压线效果图

免打线型 RJ45 信息模块的制作步骤如下。

（1）剥线。用多功能网线钳的剪线刀口剥去网线灰色保护层，露出四组双绞线，用剪刀剪去网线的白色抗拉线。

（2）排线。把四组双绞线解开，如果网线另一端水晶头按 T568B 标准压接，则把 8 根线按"B"色标的顺序排开。

（3）压线。把已排好的 8 根线芯放进信息模块的相应槽口，如图 3-34（a）所示，放线效果如图 3-34（b）所示，再用力按下锁帽，如图 3-34（c）所示；确保 8 根线芯被信息模块卡槽内的金属夹子牢固夹紧。

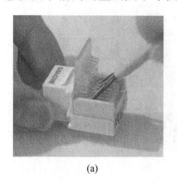
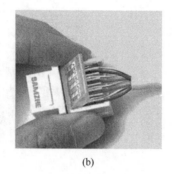

(a)   (b)   (c)

图 3-34   免打线型 RJ45 信息模块压线步骤
(a) 放进相应槽口;(b) 放进后的效果;(c) 按下锁帽后的效果

(4) 测试。测试方法与打线型 RJ45 信息模块相同。

D   信息模块面板

完成制作的信息模块需安装在信息模块面板上进行固定使用,信息模块面板有"单口"与"双口"两种。"单口"信息面板只能安装一个信息模块,提供一个 RJ45 网络接口,如图 3-35 (a) 所示;"双口"信息面板能安装两个信息模块,提供两个 RJ45 网络接口或者 RJ45 网络接口和 RJ11 电话接口各一个,如图 3-35 (c) 所示。

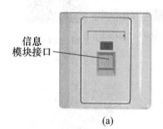
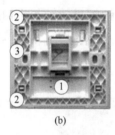
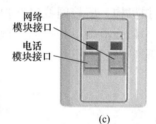
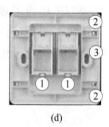

(a)   (b)   (c)   (d)

图 3-35   信息模块面板
(a) 单口信息面板正面;(b) 单口信息面板背面;(c) 双口信息面板正面;(d) 双口信息面板背面

信息模块面板的背面有 3 个关键部位,如图 3-35 (b) 和 (d) 中的①、②、③。其中,"①"是模块卡位,用于放置制作好的信息模块;"②"是遮罩板连接扣位;"③"是螺钉孔。

信息模块的安装步骤如下。

信息模块面板槽口的"卡位"与信息模块的"卡扣"相对应,如图 3-36 (a) 所示;把信息模块 45°卡入槽口,如图 3-36 (b) 所示;再用力向上推压,使信息模块卡入槽口中,如图 3-36 (c) 所示。

3.1.3.3   电话线路

敷设电话线路时用到的材料主要有电话线、RJ11 水晶头、RJ11 信息模块和信息面板等。运营商的进户电话线接入弱电箱电话模块的信号输入端,信号经处理后从该模块的信

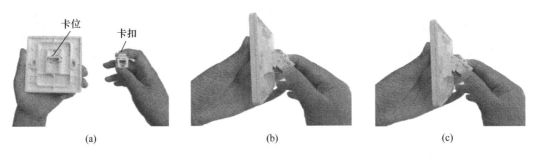

图 3-36　信息模块面板的安装

（a）"卡位"和"卡扣"对应；（b）信息模块 45°卡入槽口；（c）向上推压

号输出端输出，通过压接在电话线上的 RJ11 水晶头、电话线和 RJ11 信息模块供用户使用。

A　电话线

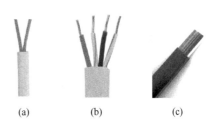

图 3-37　电话线规格

（a）2 芯电话线；（b）4 芯电话线；（c）6 芯电话线

电话线由铜芯和护套组成，其规格有 2 芯、4 芯和 6 芯，如图 3-37 所示。其中，2 芯电话线常用于传输模拟电话信号，4 芯电话线常用于传输数字电话信号。普通电话用 2 芯即可，传真机或拨号上网需使用 4 芯或 6 芯。其中，4 芯电话线较为常用。

电话线横截面积有 $0.4mm^2$、$0.5mm^2$、$0.8mm^2$ 和 $1mm^2$ 等，一般的电话线选用 $0.5mm^2$ 的，信号的传送速度取决于铜芯的纯度和横截面积。

B　RJ11 水晶头及其制作

a　RJ11 水晶头的结构

RJ11 水晶头的结构与 RJ45 水晶头大致相同，但体积比 RJ45 水晶头略小，金属脚的数量比 RJ45 水晶头少。RJ11 水晶头按电话线的芯数分为 2 芯式、4 芯式和 6 芯式，如图 3-38 所示。2 芯电话线没有极性区分，制作水晶头时线芯可以任意排序。4 芯专用电话线，线芯需要按照顺序连接，中间两根为信号线，两侧为数据线，制作水晶头时线芯颜色顺序没有统一的规定，一般按照蓝（黑）、红、绿、黄的顺序，电话线两端作直通连接。

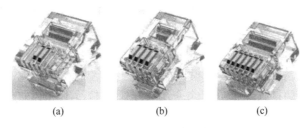

图 3-38　RJ11 水晶头

（a）2 芯式；（b）4 芯式；（c）6 芯式

b　RJ11 电话线水晶头的制作

（1）剥线。用多功能网线钳的剪线刀口剥去电话线外层保护层露出 4 根线芯，如图 3-39 所示。

扫一扫查看
视频 3-8

（2）剪线。把 4 根线芯整理顺直，并按顺序排好，4 根线芯预留约 8mm，用多功能网线钳的剪线刀口把多余的线芯剪去，如图 3-40 所示。

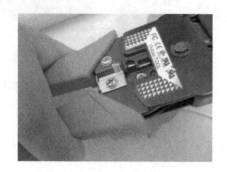

图 3-39　剥线　　　　　　　　　　图 3-40　剪线

（3）接水晶头。将 RJ11 水晶头有塑料弹簧片的一面朝下，4 个铜片的一面朝上，4 根线芯插入水晶头顶端，如图 3-41 所示。

（4）压线。把水晶头插入多功能网线钳的 RJ11 电话线压制口内进行压线，听到轻微的"咔"一声即可，如图 3-42 所示。重复上述步骤，把电话线的另一端按相同线序压制水晶头，完成制作的 RJ11 电话线水晶头如图 3-43 所示。

图 3-41　接水晶头　　　　图 3-42　压线　　　　图 3-43　完成制作的 RJ11 水晶头

（5）测试。把电话线两端的水晶头插入测试仪两个电话线测试口，如图 3-44（a）所示。测试仪信号发出端指示灯和接收端指示灯的绿灯 2、3、4、5 依次闪亮表示水晶头接线正确，如图 3-44（b）所示。如果接收端指示灯的绿灯 2、3、4、5 的点亮顺序与发出端指示灯的亮顺序不一致或个别灯不亮，表示线序错误或线芯与信息模块金属片接触不良，需重新制作水晶头。

C　RJ11 信息模块及其制作

RJ11 信息模块结构与 RJ45 信息模块大致相同，区别在于金属夹子数量。RJ11 信息模块有两排共 4 个或 6 个金属夹子，分打线型和免打线型两种，如图 3-45 所示。

扫一扫查看
视频 3-9

a　打线型 RJ11 信息模块的制作

（1）剥线。用多功能网线钳的剪线刀口剥去电话线外层保护层，露出 4 根线芯。

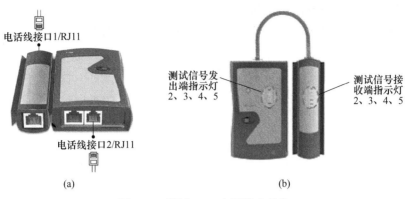

图 3-44　测试 RJ11 电话线水晶头

（a）电话线测试口；（b）电话线测试

图 3-45　RJ11 信息模块

（a）打线型；（b）免打线型

（2）卡线。把电话线的 4 根线芯卡在信息模块的 4 个槽口中，线序与该电话线的另一端水晶头线序一致，如图 3-46（a）所示。

（3）打线。用信息模块打线刀的卡线缺口对准卡槽的线芯用力往下压，即可把线芯打进信息模块的线槽里，同时把多余的线头剪去，如图 3-46（b）所示，完成后的效果如图 3-46（c）所示。

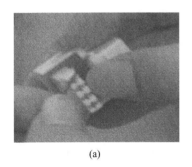
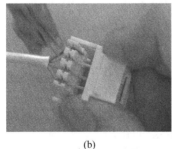
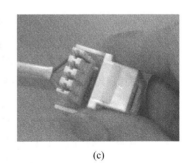

图 3-46　打线型 RJ11 信息模块的制作步骤

（a）卡线；（b）打线；（c）完成后的效果

（4）测试。把制作好的信息模块与测试电话线连接，再接入网络测试仪的两个电话线测试口，测试仪两侧的绿灯 2、3、4、5 依次闪亮表示接线正确，如果两侧绿灯的闪亮顺序不一致或个别灯不亮，表示线序错误或线芯与信息模块金属片接触不良。

b　免打线型 RJ11 信息模块的制作

（1）剥线。用多功能网线钳的剪线刀口剥去电话线外层保护层，露出 4 根线芯。

（2）卡线。把电话线的 4 根线芯放入信息模块的 4 个槽口中，4 根线芯与电话线另一端水晶头的线序相同，如图 3-47 所示。

（3）压线。用力按下锁帽，确保 4 根线芯被信息模块卡槽内的金属片牢固接紧，如图 3-48 所示。

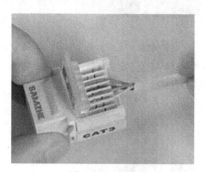

图 3-47　卡线

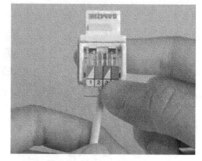

图 3-48　压线

扫一扫查看
视频 3-10

（4）测试。测试方法与打线型 RJ11 信息模块相同。

D　电话信息模块面板

电话信息模块面板与网络线信息模块面板相同。

3.1.3.4　电视线路

敷设电视线路用到的材料有同轴射频电缆、F 接头和电视面板等。运营商的进户电视线接入弱电箱电视模块的信号输入端，信号经电视模块处理后从该模块的信号输出端输出，通过同轴电缆的 F 头、同轴电缆传输到电视插座面板供用户使用。

A　同轴射频电缆

同轴射频电缆，又称为同轴电缆，它由铜芯线、发泡 PE 绝缘层、铝复合薄膜、镀锡屏蔽网以及 PVC 外层护套五个部分构成，如图 3-49 所示。同轴射频电缆的铜芯是一根实心导体，绝缘层选用介质损耗小、工艺性能好的聚乙烯等材料制成；铝复合薄膜和镀锡屏蔽网共同完成屏蔽与外导电的作用，其中铝复合薄膜主要完成屏蔽的作用、镀锡屏蔽网完成屏蔽与外导电双重作用；护套起减缓电缆的老化和避免损伤的作用。

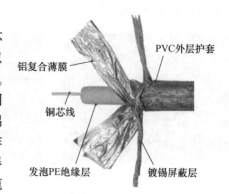

图 3-49　同轴射频电缆

常用的同轴射频电缆的型号是"SYWV-75-5-1"，其中，SYWV 表示聚乙烯物理发泡绝缘，后面三组数字分别代表特性阻抗（Ω）、芯线绝缘的外径（mm）和结构序号，即表示特性阻抗为 75Ω、芯线绝缘外径为 5mm、结构序号为 1。

B 同轴电缆接头的结构及分类

同轴电缆接头有很多种类，根据不同场合选用不同的接头。F 电视接头连接电视模块的输出端子，F 电视接头有公制和英制两种，公制 F 接头的螺母和内径比英制的略大，应根据电视模块输出端子进行选择，如图 3-50 所示。RF 电视接头即有线电视接头，用于电视机与电视信号面板的连接，如图 3-51 所示。

图 3-50 电视 F 接头　　　　图 3-51 电视 RF 接头

扫一扫查看
视频 3-11

C 同轴电缆接头的制作

a F 接头的制作

（1）剥线。用同轴电缆剥线钳的正刀夹住同轴电缆，如图 3-52（a）所示；缓慢顺时针旋转剥线钳 7~10 圈，剥去同轴电缆的外层护套、屏蔽网、铝复合薄膜和发泡 PE 绝缘层，如图 3-52（b）所示；把屏蔽网外折并压紧，用剪刀剪去铝复合薄膜，如图 3-52（c）所示；用同轴电缆剥线钳的反刀夹住同轴电缆，白色 PE 绝缘层预留约 3mm，其余部分用刀口 1 剥去，如图 3-52（d）所示；剥去 PE 绝缘层后如图 3-52（e）所示，剥线效果如图 3-52（f）所示。

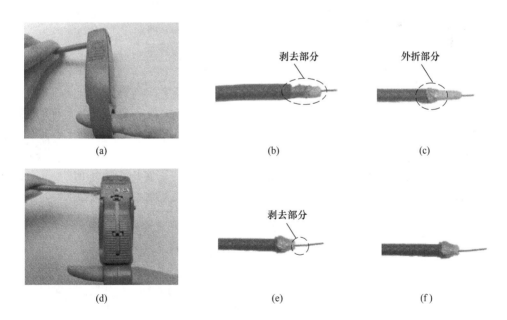

图 3-52 剥线
（a）正刀旋转剥线；（b）剥去外层护套；（c）屏蔽网外折并压紧；
（d）反刀旋转剥线；（e）剥去 PE 绝缘层后；（f）剥线效果

（2）接 F 接头。如图 3-53 所示，将 F 接头套入已剥好线的同轴电缆，顺时针方向拧紧，使同轴电缆的白色 PE 绝缘层与 F 接头的内部中心环平齐，如图 3-54 所示。

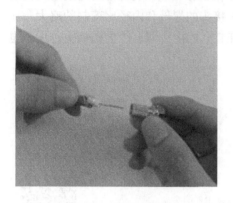

图 3-53   套入 F 接头

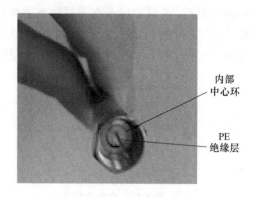

内部中心环

PE 绝缘层

图 3-54   接 F 接头效果

（3）剪线。用斜口钳把 F 接头端口多余铜芯剪去，使铜芯与 F 接头平齐，如图 3-55 所示。

（4）检测。如图 3-56 所示，用万用表欧姆挡，测量 F 接头的铜芯线与金属外壳的电阻为无穷大（∞ Ω），表示无短路现象。

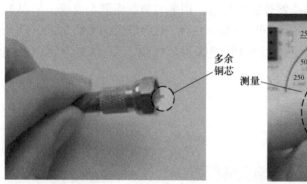

多余铜芯

图 3-55   剪线

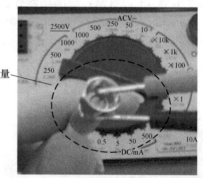

测量

图 3-56   检测

扫一扫查看视频 3-12

b   RF 接头的制作

（1）拆卸 RF 接头。按顺序逐一拆开 RF 接头的基座、金属片、塑料顶盖和塑料后座，如图 3-57 所示。

(a)

(b)

(c)

(d)

图 3-57   拆卸 RF 接头

（a）基座；（b）金属片；（c）塑料顶盖；（d）塑料后座

（2）制作。制作步骤如图 3-58 所示，先用小螺丝刀松开基座螺钉至不掉落状态备用，将塑料后座穿入同轴电缆，再把完成剥线的同轴电缆铜芯接入 RF 接头接线柱紧固螺钉，然后盖上金属片和塑料顶盖，最后拧紧塑料后座。

（a）　　　　　　（b）　　　　　　（c）　　　　　　（d）

图 3-58　RF 接头的制作步骤

（a）接入 RF 接头接线柱；（b）盖上金属片；（c）盖上塑料顶盖；（d）完成后效果

（3）检测。用万用表欧姆挡测量 RF 接头的铜芯与金属外壳的电阻为无穷大（∞Ω），表示无短路现象，如图 3-59 所示。

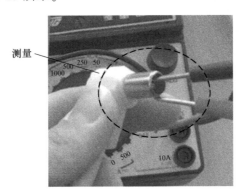

扫一扫查看
视频 3-13

图 3-59　检测

D　电视信息面板

电视信息面板多采用 86 型电视面板，其外形及内部结构如图 3-60 所示。同轴电缆屏蔽网的屏蔽线要压在金属片下，铜芯固定在接线柱内，屏蔽网和铜芯不能短路。

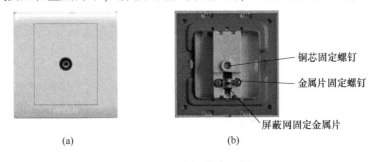

（a）　　　　　　　　　　　（b）

图 3-60　电视信息面板

（a）面板正面；（b）面板背面

电视信息面板的接线步骤如下。

（1）剥线。用同轴电缆剥线钳对同轴电缆进行剥线，剥线长度一般如图 3-61 所示。外层护套裁的长度约 18mm，屏蔽网层到外层护套的长度 8mm，PE 绝缘层到屏蔽网层的长度 4mm，铜芯到 PE 绝缘层的长度 6mm。

（2）接线。把电缆铜芯接入接线柱内紧固螺钉，屏蔽线压在铁片下的紧固螺钉，如图 3-62 所示。注意：屏蔽线不能与电缆铜芯相碰，否则信号被短路，影响信号的传输。

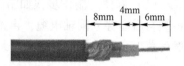

图 3-61　剥去电缆的外层护套

（3）检测。用万用表欧姆挡测量电视信息面板上的电缆铜芯与屏蔽网间的电阻应为无穷大（∞Ω），表示无短路现象，如图 3-63 所示。

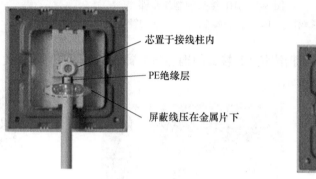

图 3-62　接线

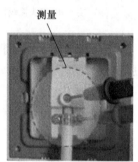

图 3-63　检测

3.2　施工过程

3.2.1　现场施工前的准备

施工前须认真阅读《施工单》和施工图纸，到现场作实地勘查，清理施工现场杂物，预算并准备器件、材料和电工工具等。进行现场施工前，务必断开电源总开关，并在总开关处挂放"禁止合闸"的安全标志。施工人员须穿好工作服和绝缘鞋，佩戴好安全帽。

3.2.2　画线定位和固定器件

（1）底盒和配电箱开孔。在固定底盒和配电箱前，应根据施工图纸在器件上开出相应的线管孔或线槽口，如图 3-64 所示。

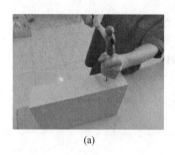

(a)

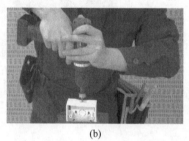

(b)

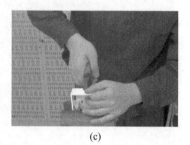

(c)

图 3-64　安装前各器件的开孔处理
(a) 用铁锤冲压成型孔；(b) 用开孔器钻孔；(c) 用钢丝钳开预留口

注意：底盒和配电箱如有预留挡片，应尽量用现成的预留挡片，可使用铁锤、螺丝刀、钢丝钳等工具打开预留挡片，如图3-64（a）和（c）所示；如果受安装位置限制需要开孔时，须先在底盒相应位置标记孔心，再用开孔器开孔，如图3-64（b）所示。

（2）画线。根据图3-1（e）所示公寓电气设备与器件安装位置示意图的尺寸，在安装墙面相应位置标记安装线，如图3-65所示。

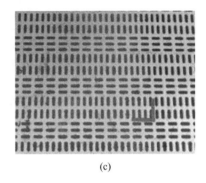

（a）　　　　　　　　　　（b）　　　　　　　　　　（c）

图3-65　画线定位

（a）确定底盒横向位置；（b）确定底盒纵向位置；（c）标记安装位置点

（3）固定器件。在已标记好的安装位置点上，逐一固定照明配电箱、弱电箱和底盒等器件，如图3-66所示。

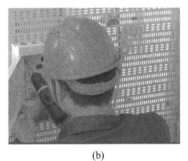

（a）　　　　　　　　　　（b）　　　　　　　　　　（c）

图3-66　器件安装

（a）固定照明配电箱；（b）固定弱电箱；（c）固定底盒

配电箱、底盒等器件应使用4颗螺钉固定，如果安装位置受限最少使用三颗螺钉固定，固定后的器件应端正、不歪斜；所有器件固定后的效果图如图3-67所示。

3.2.3　敷设线槽

（1）切割线槽。根据图3-1（f）所示公寓照明及弱电布线示意图的线槽走向与布局，量取适当长度的线槽标记后切割，如图3-68所示。线槽可以用钢锯、专用剪刀或电动切割机进行切割。

注意：线槽拼接缝隙要小，遇到不同规格的两段线槽垂直相连时，尺寸较大线槽需要先开一个矩形孔，再将小尺寸线槽插入矩形孔中进行拼接，线槽插入矩形孔的长度应不小于5mm，如图3-69所示，线槽开矩形孔的方法如图3-70所示。

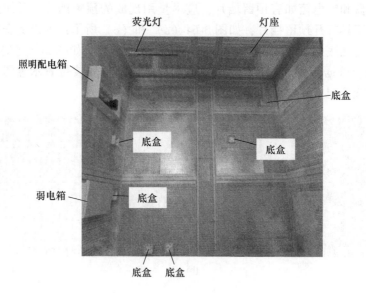

图 3-67　器件固定后的效果图

(a)

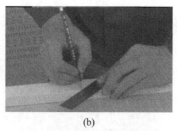
(b)

(c)

图 3-68　切割线槽

（a）量取所需线槽的长度；（b）在线槽上画出切割线；（c）用钢锯沿切割线切断线槽

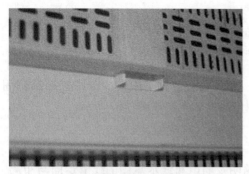
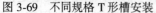

图 3-69　不同规格 T 形槽安装

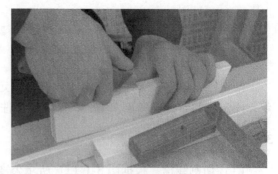

图 3-70　线槽开矩形孔的方法

（2）固定线槽。根据布线示意图和线槽固定点间距要求固定线槽，如图 3-71 所示。

注意：固定 60mm×40mm 线槽时，螺钉须在线槽两侧，每隔 1m 至少一组螺钉，如图 3-72 所示；固定 40mm×20mm 线槽时，螺钉须在线槽中间，每隔 0.5m 至少一组螺钉，如图 3-73 所示。

(a)

(b)

(c)

图 3-71 固定线槽

（a）固定 60mm×40mm 线槽；（b）固定 40mm×20mm 线槽；（c）固定 20mm×10mm 线槽

图 3-72 固定 60mm×40mm 线槽规范

图 3-73 固定 40mm×20mm 线槽规范

3.2.4 敷设 PVC 线管

（1）切割线管。根据图纸尺寸要求，使用钢锯或专用 PVC 线管剪刀切割出适当长度的 PVC 管，如图 3-74 所示。

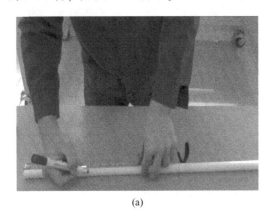
(a)

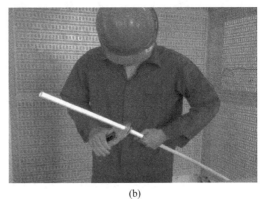
(b)

图 3-74 切割线管

（a）量出适当长度的线管；（b）切割线管

注意：使用 PVC 线管剪刀切割线管时，应边慢慢转动管子边入刀，这样刀子更容易切入管壁；刀子切入管壁后，应停止转动管子，以保证切口平整，并继续裁剪，直至管子被切断。

（2）弯管。使用合适规格的弯管器穿入 PVC 线管需要弯曲的位置，对 PVC 线管按要求进行弯曲，如图 3-75 所示。

(a)   (b)

图 3-75 弯管
(a) 穿入合适的弯管器；(b) 使用弯管器弯管

注意：不同直径的 PVC 线管应选用相应的弯管器进行弯管，弯曲的弧度要符合要求，不能出现凹穴等现象。

（3）固定线管。根据施工图纸要求，首先按规定间距在所需固定线管的位置固定管卡，然后将成形的 PVC 线管固定在管卡中，如图 3-76 所示。

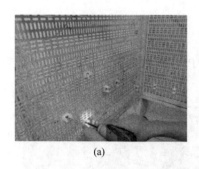
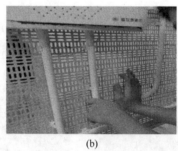
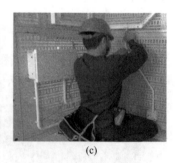

(a)   (b)   (c)

图 3-76 固定线管
(a) 固定管卡；(b) 固定弱电的线管；(c) 固定连接插座的线管

注意：线管与弱电箱、底盒、线槽等连接时，须通过杯梳（接头）可靠连接，如图 3-77 所示。

将 PVC 线管按要求安装到位，完成 PVC 线管敷设的效果图如图 3-78 所示。

3.2.5 敷设导线和接线

按施工图纸正确选择导线，进行 PVC 线管的导线敷设，如图 3-79 所示；进行线槽导

  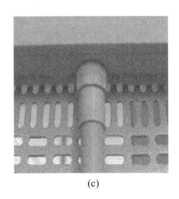

(a) (b) (c)

图 3-77 线管与弱电箱、底盒、线槽的连接

(a) 线管与弱电箱连接；(b) 线管与底盒连接；(c) 线管与线槽连接

图 3-78 完成 PVC 线管敷设的效果图

 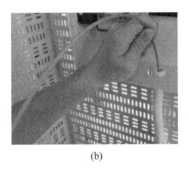 

(a) (b) (c)

图 3-79 敷设线管的导线

(a) 把导线固定在穿线器末端；(b) 穿线器首端穿入线管；(c) 拉出导线

线敷设，如图 3-80 所示；线槽导线敷设完成后，盖好线槽面板和安装线槽的末端封堵头。

注意：敷设导线时须严格区分导线颜色，火线用红色线、零线用蓝色线、地线用黄绿双色线；裁剪导线长度时，应留有一定余量，一般留 150~200mm 的余量；线槽和线管内

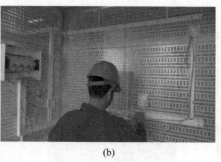

| (a) | (b) | (c) |

图 3-80　敷设线槽的导线

（a）预测导线长度；（b）敷设导线；（c）盖线槽面板

的导线应顺直，不能打结，不能有接头，线槽盖板不能压导线，线槽终端要安装封堵头，如图 3-81 所示。若使用圆木进行灯座的安装，线槽应插入圆木底座内 5~15mm，导线从圆木底部引出，如图 3-82 所示。

图 3-81　安装线槽的终端封堵头　　　　　　图 3-82　线槽与灯座圆木的连接效果

3.2.6　安装强电线路器件

根据施工图纸选择合适的开关、插座、灯座等器件，进行正确、规范的安装与接线，如图 3-83 所示。

注意：断路器每个端子最多接 2 根导线，接线要牢固、无松动、不压绝缘，完成接线后导线露铜要小于 1mm；荧光灯与专用连接插头线的接线要牢固，如图 3-84（a）所示；按工艺标准恢复绝缘，如图 3-84（b）所示；开关、插座上导线的连接要牢固，无压绝缘皮、伤绝缘皮和露铜过长等现象，导线所留余量 10~15cm，如图 3-84（c）所示；开关控制火线，插座符合"左零右火上接地"的接线要求。

3.2.7　安装弱电线路器件

本项目的弱电线路分为电视线路和网络线路。安装电视线路器件时，在同轴电缆一端制作 F 接头，与弱电箱的电视模块输出端连接，如图 3-85（a）和（b）所示；同轴电缆另一端剥线后，与电视信息模板连接，如图 3-85（c）和（d）所示。

安装网络线路器件时，网线一端与网络信息模块连接，如图 3-86（a）所示；把信息

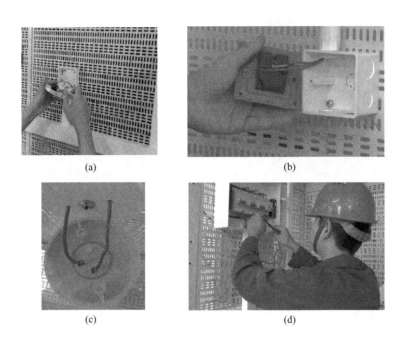

图 3-83 元器件安装与接线

（a）连接开关导线；（b）连接插座导线；（c）连接灯座导线；（d）连接照明配电箱导线

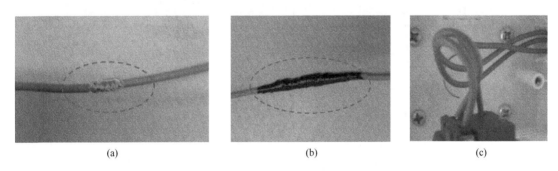

图 3-84 导线连接工艺与要求

（a）导线连接；（b）绝缘恢复；（c）导线余量

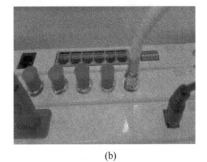

（a）   （b）

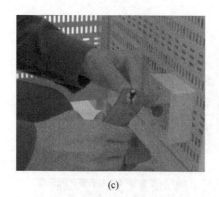

(c)   (d)

图 3-85 电视线路的器件接线与安装步骤

（a）制作同轴电缆的 F 接头；（b）F 接头与电视模块连接；
（c）同轴电缆的另一端剥除绝缘；（d）与电视信息模板连接

模块安装到信息面板上，如图 3-86（b）所示；其安装效果如图 3-86（c）所示；网线的另一端制作 RJ45 水晶头，并与弱电箱的网络模块输出端连接，如图 3-86（d）和（e）所示。

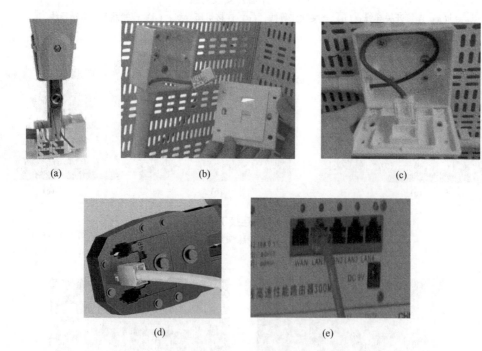

图 3-86 敷设弱电线路步骤

（a）网线与信号模块连接；（b）安装信息面板；（c）信息模块安装效果；
（d）制作 RJ45 水晶头；（e）RJ45 网线水晶头与网络模块连接

完成本项目所有器件的安装与接线的效果图，如图 3-87 所示。

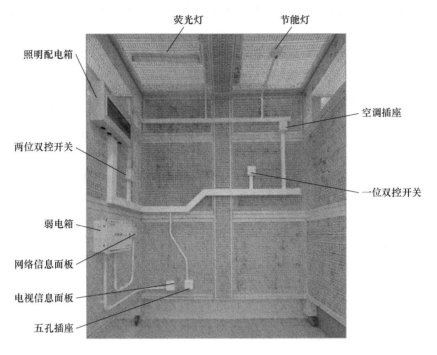

图 3-87　完成所有器件的安装与接线后的效果图

3.2.8　通电前的检查

A　强电线路检查

（1）检查照明回路。测试点选择在照明回路断路器 QF_5 输出端和零线端，接通设备左面的单控开关，万用表显示电阻均为荧光灯的电阻，断开设备左面的单控开关，万用表显示电阻为无穷大（$\infty\Omega$），表示荧光灯回路无短路现象；按动设备左面的双控开关，万用表显示电阻为节能灯电阻，按动设备正面的双控开关，万用表显示电阻为无穷大（$\infty\Omega$）；再次按动设备左面的双控开关，万用表显示电阻为节能灯电阻，再次按动设备正面的双控开关，万用表显示电阻无穷大（$\infty\Omega$），表示节能灯线路接线正确且无短路现象。

（2）检查空调插座回路。测试点选择在空调插座回路断路器 QF_2 输出端和零线端，万用表显示电阻为无穷大（$\infty\Omega$），表示空调插座回路无短路现象。

（3）检查插座回路。测试点选择在插座回路断路器 QF_3 输出端和零线端，万用表显示电阻为无穷大（$\infty\Omega$），表示插座回路无短路现象。

（4）检查弱电箱回路。测试点选择在弱电箱回路断路器 QF_4 输出端和零线端，万用表显示电阻为无穷大（$\infty\Omega$），表示弱电箱插座回路无短路现象。

经上述检查初步确认线路不存在短路现象后，再使用兆欧表检测线路的绝缘电阻。

B　弱电线路检查

（1）网络线路检查。使用网络测试仪对完成敷设的网络线路进行测试，测试仪信号发出端指示灯和接收端指示灯的 8 个绿灯依次闪亮表示网络线路接线正确。

（2）电视线路检查。使用万用表对完成敷设的电视线路进行测试，用万用表欧姆挡测量网络线路 F 接头的铜芯线与金属外壳间的电阻为无穷大，表示电视线路无短路现象。

3.2.9　通电试验

（1）照明回路通电试验步骤如下。

1）送电调试。依次接通漏电保护断路器 QF_1、照明回路空气断路器 QF_5、单控开关，荧光灯发光；断开单控开关，荧光灯熄灭。按动设备左面的双控开关，节能灯发光；按动设备正面的双控开关，节能灯熄灭；再次按动左面的双控开关，节能灯发光；再次按动正面的双控开关，节能灯熄灭。

2）判断灯座端子接线是否正确。通电状态下用试电笔测试灯座螺纹，试电笔氖泡不亮，表示灯座端子接线正确。

（2）插座回路通电试验。通电状态下，使用试电笔分别对各回路插座进行通电试验。用试电笔接入插座的右孔，氖泡发亮；接入插座左孔，试电笔氖泡不亮，表示插座连接正确。

3.3　工作页

3.3.1　学习活动 1　明确任务和勘查现场

引导问题 1：阅读工作情境描述及《施工单》的施工内容，简述你的工作任务是什么？

_____。

引导问题 2：阅读图 3-1 所示公寓的施工图纸，并回答下列问题。

（1）本项目的总开关型号为_____，该器件名称为_____，其额定电流是_____A。

（2）空调插座回路的分路开关型号为_____，该器件名称为_____；该回路是用_____根截面积为_____ mm^2 的_____线经_____敷设。

（3）插座回路的分路开关型号为_____，该器件名称为_____；该回路是用_____根截面积为_____ mm^2 的_____线穿_____敷设。

（4）弱电箱回路的分路开关为_____，该器件名称为_____；该回路是用_____根截面积为_____ mm^2 的_____线穿_____敷设。

（5）照明回路的分路开关型号为_____，该器件名称为_____；该回路是用_____根截面积为_____ mm^2 的_____线经_____敷设。

引导问题 3：本项目的荧光灯的功率是_____W，_____安装，它受安装在_____面的_____开关控制；节能灯的功率是_____W，_____安装，它受安装在_____面和_____面的_____开关控制。

引导问题 4：通过小组讨论，小组成员共同制订工作计划，填写在表 3-5 中。

表 3-5 施工计划

序号	施工步骤	小组分工情况	预计时间
1			
2			
3			
4			
5			
6			
7			
8			

3.3.2 学习活动2 施工前的准备

引导问题1：根据施工图纸列出本项目所用器件及材料清单，并对关键器件进行检测，初步判断其好坏，列入表3-6中。

表 3-6 施工所用器件及材料清单

序号	器件及材料名称	型号/规格	数 量	初步判断好坏
1				
2				
3				
4				
5				
6				
7				
8				
9				
10				
11				
12				
13				
14				
15				
16				
17				
18				
19				

续表 3-6

序号	器件及材料名称	型号/规格	数 量	初步判断好坏
20				
21				
22				
23				
24				
25				
26				
27				
28				
29				
30				

引导问题 2：根据施工需要，列出完成本项目需使用的工具，填入表 3-7 中。

表 3-7 施工所用工具清单

序号	工具名称	型 号	数 量	备 注
1				
2				
3				
4				
5				
6				
7				
8				
9				
10				
11				
12				
13				
14				
15				
16				

3.3.3 学习活动3 现场施工

引导问题1：根据施工图纸，绘制出本项目的照明线路电气原理图3-88。

		图号	比例
		001	
设计		某装修公司设计部	
制图			

图 3-88 照明线路电气原理图

引导问题2：根据施工图纸用红色、蓝色、黑色笔对示意图3-89进行线路的连线。

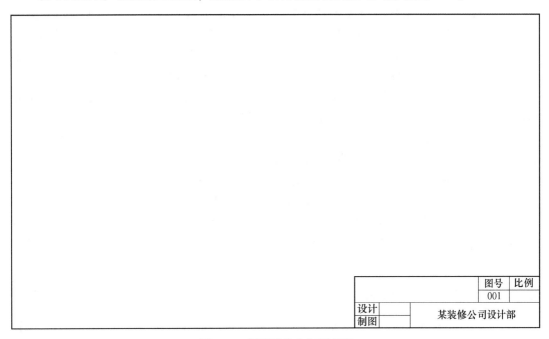

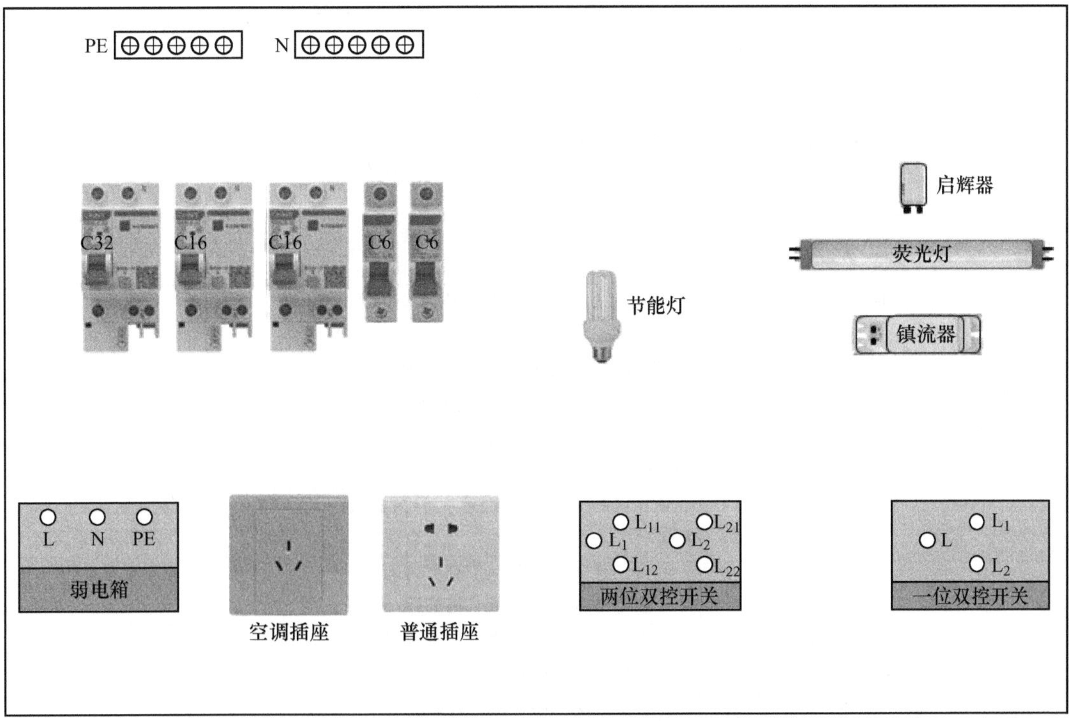

图 3-89 线路连接示意图

引导问题 3：对各个回路进行线路检查，初步判断线路的正确性。

（1）检查照明回路。测试点选择在＿＿＿＿＿＿＿＿和＿＿＿＿＿＿＿＿，接通设备左面的单控开关，万用表显示电阻为＿＿＿＿＿＿Ω，断开左面的单控开关，万用表显示电阻为＿＿＿＿＿＿＿Ω，表示荧光灯回路无短路现象；按动左面的双控开关，万用表显示电阻为＿＿＿＿＿＿＿＿Ω，按动正面的双控开关，万用表显示电阻为＿＿＿＿＿＿＿＿Ω；再次按动左面的双控开关，万用表显示电阻为＿＿＿＿＿＿＿＿Ω，再次按动正面的双控开关，万用表显示电阻为＿＿＿＿＿＿＿＿Ω，表示节能灯线路接线正确且无短路现象。

（2）检查空调插座回路。测试点选择在＿＿＿＿＿＿＿＿和＿＿＿＿＿＿＿，万用表显示电阻为＿＿＿＿＿＿＿＿Ω，表示空调插座回路无短路现象。

（3）检查插座回路。测试点选择在＿＿＿＿＿＿＿＿和＿＿＿＿＿＿＿，万用表显示电阻为＿＿＿＿＿＿＿Ω，表示插座回路无短路现象。

（4）检查弱电箱回路。测试点选择在＿＿＿＿＿＿＿＿和＿＿＿＿＿＿＿，万用表显示电阻为＿＿＿＿＿＿＿Ω，表示弱电箱插座回路无短路现象。检查电视线路：万用表选择＿＿＿＿＿＿＿＿挡，测量同轴电缆的线芯与屏蔽线间电阻为＿＿＿＿＿＿＿＿Ω，表示无短路现象；检查网络线路：用网络测试仪测量网络线路的网线水晶头和网络信息模块间的线路线序＿＿＿＿＿＿（正确/错误）。

3.3.4　学习活动 4　项目验收与评价

根据评分标准对本项目进行验收。学生进行自评，小组进行互评，教师和企业专家评审、验收，评分标准见表 3-8。

表 3-8　评分标准

考核项目	评分点	配分	评分标准	自评（30%）	互评（30%）	教师/专家评（40%）
器件的安装（20分）	箱体的安装位置	2	照明配电箱的安装位置或垂直度误差大于 5mm，扣 2 分			
		2	弱电箱的安装位置或垂直度误差大于 5mm，扣 2 分			
	接线底盒的安装位置	1	插座接线底盒的安装位置或垂直度误差大于 5mm，扣 1 分/个			
		3	开关接线底盒的安装位置或垂直度误差大于 5mm，扣 1 分/个			
		2	信息面板接线底盒的安装位置或垂直度误差大于 5mm，扣 1 分/个			
	灯具的安装位置	1	节能灯的安装位置误差大于 5mm，扣 1 分			
		1	荧光灯的安装位置误差大于 5mm，扣 1 分			
	器件的安装	3	箱盖、开关、插座、信息面板等安装不到位或方向不正确，扣 1 分/处			
		3	至少 3 颗螺钉固定底盒，且安装牢固，不符合要求的扣 1 分/个			
		2	灯具安装不牢固，扣 1 分/个			

续表 3-8

考核项目	评分点	配分	评分标准	自评 （30%）	互评 （30%）	教师/专家评 （40%）
敷线器材安装 位置（10分）	PVC 线管的 安装位置	3	线管的安装尺寸误差大于 5mm，扣 1 分/处			
		2	线管安装的水平和垂直度不符合要 求，扣 1 分/处			
	PVC 线槽的 安装位置	3	线槽的安装尺寸误差大于 2mm，扣 1 分/处			
		2	线槽安装的水平和垂直度不符合要 求，扣 1 分/处			
敷线器材的 安装工艺和 规范性（20分）	PVC 线管敷设	10	（1）线管管径选用不正确或不按 图纸要求布局走线，扣 2 分/处； （2）线管入箱、盒时，没有正确 使用连接件连接并锁紧，线管入箱处 没有鸭脖子弯，扣 2 分/处； （3）线管弯曲处应圆滑，无折皱、 凹穴或裂纹，不符合要求的扣 1 分 /处； （4）线管弯曲半径不符合要求， 扣 1 分/处； （5）线管管卡固定不符合要求， 扣 1 分/处； （6）线管敷设应横平竖直、不歪 斜，线管完全嵌入管卡中，不符合要 求的扣 1 分/处			
	PVC 线槽敷设	10	（1）线槽未贴墙面，扣 2 分/处； （2）线槽盖板应完全盖好、没有 翘起，线槽终端使用封头封堵，不符 合要求的扣 2 分/处； （3）线槽与照明箱或底盒连接处 缝隙大于 1 mm，扣 2 分/处； （4）线槽拼接处缝隙大于 1 mm， 扣 2 分/处； （5）异径线槽 T 形连接处缝隙大 于 1mm，扣 2 分/处； （6）线槽与节能灯座缝隙大于 1mm，扣 2 分/处； （7）线槽未伸入接线盒内，扣 2 分/处； （8）线槽底槽未伸入节能灯座， 扣 2 分/处； （9）异径线槽 T 形连接，底槽未 伸入，扣 2 分/处； （10）线槽螺钉固定不符合要求， 扣 2 分/处			

续表 3-8

考核项目	评分点	配分	评分标准	自评 (30%)	互评 (30%)	教师/专家评 (40%)
照明线路 (20 分)	照明线路敷设 与接线	10	（1）照明配电箱内断路器型号选择不正确，或配线颜色、线径选择不正确，扣 2 分/处； （2）照明配电箱内配线应集中归边走线，横平竖直、无交叉，不符合要求的扣 2 分/处； （3）照明配电箱的引入引出线应敷设整齐、余量适中、不凌乱，不符合要求的扣 2 分/处； （4）线槽内导线应无绞线、无中间接头、无导线折叠等，不符合要求的扣 2 分/处； （5）接线底盒、灯座内导线应留有余量，不符合要求的扣 2 分/处； （6）线路所有接线端连接应规范可靠，无松动、无绝缘损伤、无压绝缘、导线露铜应小于 1mm，否则扣 2 分/处； （7）插座接线规范（左零右火），螺口灯座接线不规范的扣 2 分/处； （8）插座、灯具等所有需要接地的器件，缺少地线或接错地线或地线未通过接地排，扣 2 分/处			
	照明线路功能	10	灯不能根据要求正确使用开关控制亮灭，或电压不正确，插座无电或电压不正确，扣 5 分/处			
弱电线路 (10 分)	弱电线路敷设 与接线	5	（1）少用模块或用错模块，扣 2 分/个； （2）线路连接不符号配电系统图要求，导线连接不牢或用线规格错误，扣 2 分/处			
	弱电线路功能	5	（1）网络线路不正确扣 3 分； （2）电视线路不正确扣 2 分			

考核项目	评分点	配分	评分标准	自评 （30%）	互评 （30%）	教师/专家评 （40%）
职业与安全意识（20分）	安全施工	12	（1）不穿工作服、绝缘鞋扣2分/次； （2）室内施工过程不戴安全帽，扣2分/次； （3）登高作业时，不按安全要求使用人字梯，扣2分/次； （4）不按安全要求使用电动工具扣2分/次； （5）不按安全要求使用工具作业扣2分/次； （6）不按安全要求进行带电或停电检修（调试），扣4分/次			
	文明施工	8	（1）施工过程工具与器材摆放凌乱，扣1分/次； （2）工程完成后不清理现场，施工中产生的弃物不按规定处置，各扣2分/次			

说明：施工过程中违反安全操作规程，发生操作者受伤、设备损坏、短路、触电等现象者，视情节严重情况扣10～30分

小 计		
合 计 总 分		

工匠案例

盾构机的电气权威专家——李刚

国之重器——盾构机是开凿地下隧道的终极武器，在铁路、公路、地铁和水利等基建工程的隧道环节都需要它。盾构机问世至今已有近200年的历史，21世纪初之前，盾构机的核心技术一直被国外垄断，"洋盾构"在我国市场的占有率一度高达95%以上。

李刚，中铁装备盾构公司特级技师，也是我国盾构制造领域首位大国工匠。1992年，李刚技校毕业参加工作，2002年，他加入"盾构机模拟实验平台"的起步计划中，因当时外国人对盾构机技术把控得很严，李刚和工友们从零开始，经过5年夜以继日的摸索和研究，该实验平台成功通过项目验收并投产。随后，李刚又投身到第一台国产盾构机的制造之中，主要负责盾构机的电气系统。2008年，我国第一台盾构机顺利下线，从此打开了盾构机国产化的大门。参加工作20年来，李刚高质量地完成了300多台盾构机的电气系统组装，他练就了在狭小的接线盒里把密如蜘蛛网的线路接得分毫不差的本领，被同行

称为"盾构机的电气权威专家"。李刚带领团队研发制造出了盾构机核心部件液位传感器，打破了国外企业的百年垄断，性能跃居世界第一，使中国的盾构行业打破国外技术垄断，从空白攀上了世界巅峰。

李刚，把每一件小事做到最好、做到极致，持之以恒，专业专注，用自己的双手为"中国创造"奉献出自己的力量。

课 后 练 习

3-1 填空题

（1）网线的直通接法用于_____间的通信，网线的交叉接法用于_____间的通信，在住宅弱电线路布线中多采用_____接法。

（2）网线接头使用_____水晶头，电话线接头使用_____水晶头。

（3）T568B 标准的线序口诀为_____，_____，_____。

（4）二芯电话线常用于传输_____电话信号，四芯电话线常用于传输_____电话信号。传真机或拨号上网需使用_____芯或_____芯电话线。

（5）同轴射频电缆由_____、_____、_____、_____以及_____五个部分构成。

3-2 识图题

某客厅照明电气平面图如图 3-90 所示，请分析该图各灯具和插座的控制关系。

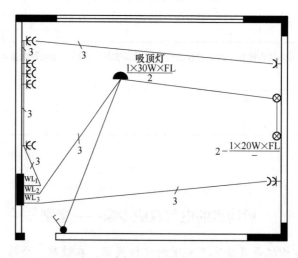

图 3-90　某客厅照明电气平面图

项目4　公寓照明线路改装与调试

项目学习目标

　·知识目标

　　了解智能开关、圆盘吸顶灯、壁灯的作用、分类、性能特点和使用场合等，掌握其安装规范和安装方法，学会安装智能开关、圆盘吸顶灯和壁灯。

　·能力目标

　　(1) 能够根据《施工单》的施工内容按相关规程和规范要求改装公寓的照明线路。

　　(2) 能够运用本项目所学知识和技能解决生活中的实际问题。

　·素质目标

　　(1) 养成遵守安全操作规程，爱护设备、工具、量具，保护工作环境清洁有序的习惯。

　　(2) 形成安全操作、文明生产的责任意识和节能环保意识。

　·思政目标

　　(1) 践行社会主义核心价值观，增强大国自信、文化自信的爱国情感和社会责任感。

　　(2) 弘扬追求突破、追求革新的创新精神，进一步形成团结协作、吃苦耐劳的职业品质。

工作情境描述

　　某装修公司承接了一套公寓的室内照明线路的改装项目，客户提供了该公寓相关的原图纸，请你根据《施工单》到现场完成施工任务。

4.1　知识储备

4.1.1　认识灯具

　　现代家居照明常用的灯具有吸顶灯、吊灯、壁灯、台灯、射灯、筒灯和灯带等。家居照明灯具常用的光源有 LED、节能型荧光灯、高强度气体放电灯、卤钨灯和卤素灯等，因 LED 光源节能度最高，在现代家居照明中被广泛使用。

4.1.1.1　吸顶灯

　　吸顶灯是家居照明最常用的灯具之一，因其紧贴屋顶安装而得名，具有亮度高、寿命长等优点，常见的吸顶灯如图 4-1 所示。图 4-2 所示是一款常见的 LED 光源的吸顶灯，它由底盘、LED 光源、电源模块和灯罩等组成。

××公寓线路的改装工程

施 工 单

施工单编号 No：×××××××

发单日期：××××年××月××日

工 程 名 称	××公寓线路的改装工程		
工 位 号		施工日期	

施 工 内 容	（1）把公寓内原有的节能灯改成圆盘吸顶灯，把原有控制节能灯的一位双控开关改为触摸延时智能开关。 （2）在公寓内加装一盏壁灯，壁灯安装在正面墙，距离右面墙 35cm，距离地面 150cm 的位置，该壁灯由一个声光控智能开关控制，声光控智能开关安装在正面墙，距离左面墙 30cm，距离地面 130cm 的位置。 （3）把原有控制荧光灯的两位双控开关改为一位单控开关。 （4）加装的开关线路采用 PVC 线管布线，加装的壁灯线路采用 PVC 线槽布线
施 工 技 术 资 料	图 3-1（a）：001 号图纸——公寓配电系统图 图 3-1（b）：002 号图纸——公寓照明平面图 图 3-1（c）：003 号图纸——公寓插座平面图 图 3-1（d）：004 号图纸——公寓弱电平面图 图 3-1（e）：005 号图纸——公寓器件安装位置示意图 图 3-1（f）：006 号图纸——公寓照明及弱电布线示意图
施 工 要 求	（1）按《电气安全工作规程》进行施工； （2）按《电气装置安装工程低压电器施工及验收规范》要求安装器件和控制电路； （3）按《建筑电气工程施工质量验收规范》中的验收标准安装电气线路

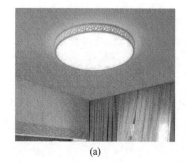 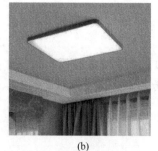 

（a） （b） （c）

图 4-1 常见的吸顶灯

（a）圆盘吸顶灯；（b）方形吸顶灯；（c）水晶吸顶灯

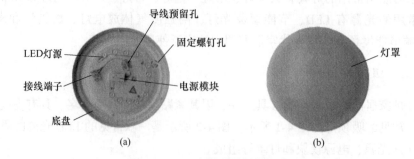

（a） （b）

图 4-2 LED 光源吸顶灯的组成

吸顶灯的安装步骤如下：

（1）画线定位。根据安装位置尺寸要求，在房顶量出安装尺寸后对准吸顶灯底盘的螺钉孔标记记号，如图4-3所示。

图4-3　画线定位

（2）安装底盘。将接线盒内电源线穿出吸顶灯底盘后使用螺钉固定吸顶灯底盘，如图4-4所示。若吸顶灯安装在砖房上，须使用膨胀螺钉塞和自攻螺钉进行底盘固定。安装时，先使用冲击钻钻孔，用铁锤将膨胀螺钉塞打进孔内，再用自攻螺钉固定底盘。膨胀螺钉塞和自攻螺钉如图4-5所示，膨胀螺钉塞膨胀后效果如图4-6所示。

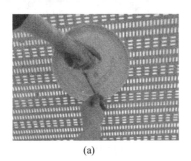　　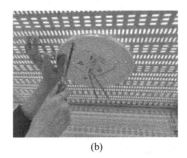

(a)　　　　　　　　　　　　(b)

图4-4　安装底盘

（a）电源线穿出灯具底盘；（b）固定底盘

图4-5　膨胀螺钉塞和自攻螺钉　　图4-6　膨胀螺钉塞膨胀后的效果

（3）接线。按要求完成吸顶灯的接线，吸顶灯接线端子处一般标有"L""N"和"GND"，接线时应注意区分。导线应避开光源发热区。

（4）安装灯罩。确定吸顶灯接线无误后，顺时针旋转灯罩进行安装，如图4-7所示。

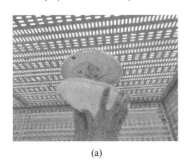　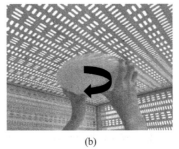　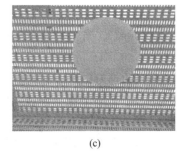

(a)　　　　　　　　　　(b)　　　　　　　　　　(c)

图4-7　灯罩的安装

（a）准备灯罩；（b）固定灯罩；（c）完成效果图

4.1.1.2 壁灯

壁灯通常安装于卧室、楼梯、过道等区域的墙壁上作为局部照明。常见的壁灯如图 4-8 所示。

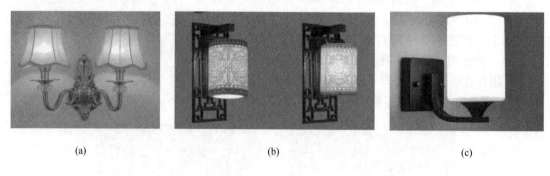

图 4-8 常见的壁灯
（a）双头欧式壁灯；（b）单头中式壁灯 ；（c）现代简约式壁灯

不同种类和不同样式的壁灯的结构不一样，一般由灯罩、灯座和底盘等组成。图 4-9 所示为两种常见壁灯的组成，壁灯安装方式一般为暗装。

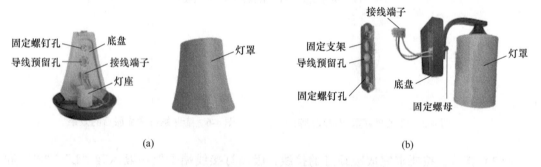

图 4-9 壁灯的组成
（a）样式 1 壁灯的组成；（b）样式 2 壁灯的组成

A 样式 1 壁灯的安装步骤

（1）画线定位。根据安装位置尺寸要求，对准壁灯底盘的螺钉孔在安装墙面做标记，如图 4-10 所示。若需安装在砖墙上，使用冲击钻在砖墙上钻孔，用相应尺寸的膨胀螺钉塞和自攻螺钉把壁灯的底盘固定。

（2）安装底盘。将接线盒内的电源线穿出壁灯底盘的导线预留孔后，使用螺钉固定壁灯底盘，如图 4-11 所示。

（3）接线。按要求完成壁灯的接线和灯泡的安装，如图 4-12 所示。注意区分火线、零线和地线，导线应避开灯泡发热区。

（4）安装灯罩。确定壁灯接线无误后，完成灯罩的安装，如图 4-13 所示。

图 4-10　标记安装孔的位置

（a）

（b）

图 4-11　安装底盘

（a）电源线穿出壁灯底盘；（b）固定底盘

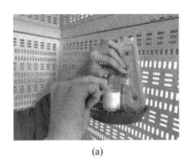

（a）

（b）

图 4-12　接线

（a）接线；（b）安装灯泡

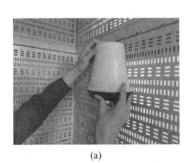

（a）

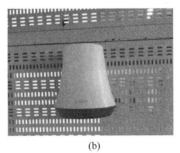

（b）

图 4-13　安装灯罩

（a）安装灯罩；（b）样式 1 壁灯安装效果图

B　样式 2 壁灯的安装步骤

（1）组装壁灯的安装支架。根据壁灯底盘固定孔的间距，把螺栓固定在壁灯的安装支架上，如图 4-14 所示。

（2）画线定位。在安装面标记安装孔的位置，如图 4-15 所示。

（3）固定支架并接线。将接线盒内的电源线穿出支架后，用螺钉固定支架，把电源线接入壁灯的接线端子，如图 4-16 所示。注意区分火线、零线和地线。

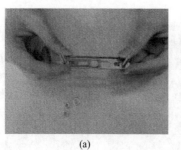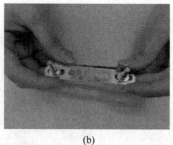

(a)   (b)

图 4-14 组装壁灯的安装支架

(a) 螺栓固定在支架上；(b) 完成组装的支架

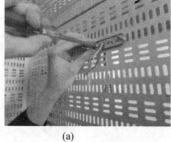

(a)   (b)

图 4-15 画线定位   图 4-16 安装支架并接线

(a) 固定支架；(b) 接线

（4）安装壁灯。把壁灯的底盘固定在壁灯的安装支架上，安装灯罩和灯泡，如图 4-17 所示。

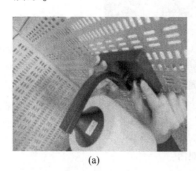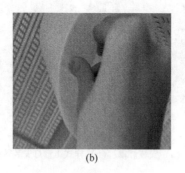

(a)   (b)   (c)

图 4-17 安装壁灯

(a) 固定壁灯底盘；(b) 安装灯泡；(c) 样式 2 壁灯的安装效果图

4.1.1.3 吸顶灯和壁灯的安装注意事项

安装吸顶灯或壁灯时应注意：

（1）固定吸顶灯或壁灯的螺钉数量不应少于灯具底盘或灯具支架上的预留螺钉孔数，

且螺钉直径应与孔径相配，若灯具底盘上无安装孔，需自行开孔。每个灯具用于固定的螺栓或螺钉不应少于 2 个，且灯具的重心要与螺栓或螺钉的重心相吻合。

（2）吸顶灯和壁灯不可直接安装在可燃的物件上，如果灯具表面高温部位靠近可燃物时，必须采取隔热或散热措施。

（3）吸顶灯或壁灯的电源进线的接线要牢固，接线端之间应保持一定的距离，以免短路发生危险。

4.1.2 认识智能开关

智能开关具有节约电能、寿命长、无触点、无火花、安全可靠等特点。家居照明常用的智能开关有声光控延时开关、触摸延时开关和轻按延时开关等。智能开关又分为通用型和增强型。通用型智能开关，当触发开关后灯即可点亮，经过一段时间延时后自动熄灭，适合楼道、住宅阳台、地下室等场所。增强型智能开关在通用型的基础上增加强切的功能，即在用户紧急需要时，强制接通灯常亮，主要用于宾馆、饭店、住宅、楼梯照明。

4.1.2.1 声光控延时开关

声光控延时开关，是自动延时电子节能开关，以光线和声音控制方式工作，即只有在光线足够暗，并且有声音时，灯才可点亮，经过一段时间延时后自动熄灭；如果光线较亮，尽管有声音，灯也不能点亮，适合在楼道或楼梯使用，如图 4-18 所示。

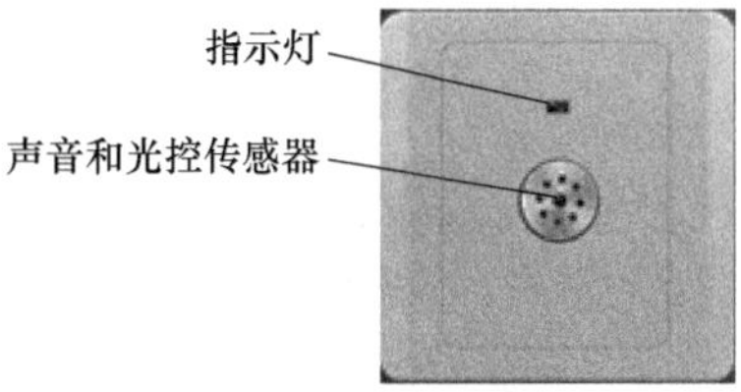

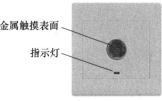

图 4-18　声光控延时开关

4.1.2.2 触摸延时开关

触摸延时开关是一种人体感应触摸开关，如图 4-19 所示。手轻触摸一下开关金属感应板，灯即可点亮，经过一段时间延时后灯自动熄灭，触摸延时开关适合用于楼道、楼梯间等。

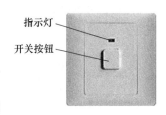

图 4-19　触摸延时开关

4.1.2.3 轻按延时开关

轻按延时开关和触摸延时开关功能基本一样，区别在于轻按延时开关需要轻轻按动开关按钮，开关才能接通。当轻按一下开关时，灯即可点亮，经过一段时间延时后灯自动熄灭。轻按延时开关适合用于楼道、住宅阳台、地下室等场所，节能效果好，如图 4-20 所示。

图 4-20　轻按延时开关

4.1.2.4 智能开关的接线

有些智能开关不适用于节能灯和荧光灯，控制负载功率一般要求小于 100W 的灯，要注意选用。智能开关有两线制、三线制和四线制，具体接线方法如下。

（1）两线制智能开关接线端子功能如图 4-21 所示，接线示意图如图 4-22 所示。智能开关"火线输入"端子接火线 L，"火线输出"端子接灯泡，灯泡另一端接零线 N。

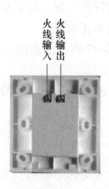

图 4-21 两线制智能开关接线端子

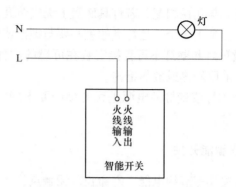

图 4-22 两线制智能开关接线示意图

（2）三线制智能开关接线端子功能如图 4-23 所示，接线示意图如图 4-24 所示。智能开关"火线输入"端子接火线 L，"零线输入"端子接零线 N，"火线输出"端子接灯泡，灯泡另一端接零线 N。

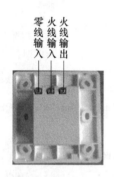

图 4-23 三线制智能开关接线端子

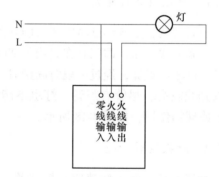

图 4-24 三线制智能开关接线示意图

（3）四线制智能开关接线端子功能如图 4-25 所示，接线示意图如图 4-26 所示。智能开关的"火线输入"端子接火线 L，"零线输入"端子接零线 N，"火线输出"端子接灯泡，灯泡另一端接零线 N，消防信号经过触发开关接入"消防火线"端子。

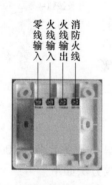

图 4-25 四线制智能开关接线端子

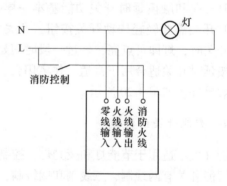

图 4-26 四线制智能开关接线示意图

4.2 施工过程

4.2.1 现场施工前的准备

施工前须认真阅读施工单,充分理解施工内容和要求,到现场作实地勘查,清理现场杂物,预算并准备器件和材料,准备电工工具。进行现场施工前,先通电检查原有线路,确认线路功能后再断开电源总开关,并在总开关处挂放"禁止合闸"的安全标志。施工人员穿好工作服和绝缘鞋,佩戴好安全帽。

由《施工单》的施工内容可知,本项目要求把公寓内原有的节能灯改成圆盘吸顶灯,把原有控制节能灯的一位双控开关改为触摸延时智能开关;在公寓内加装一盏壁灯,壁灯安装在正面墙,距离右面 35cm、地面 150cm 的位置,该壁灯由一个声光控智能开关控制,声光控智能开关安装在正面墙,距离左面 30cm、地面 130cm 的位置;把原有控制荧光灯的两位双控开关改为一位单控开关,其改装示意图如图 4-27 所示。

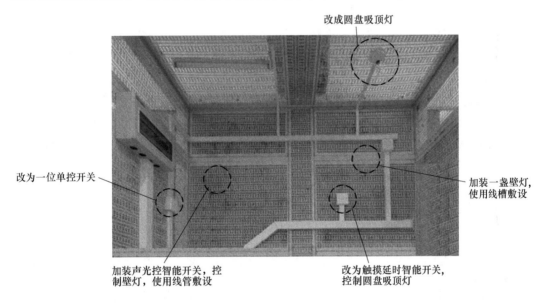

图 4-27 改装示意图

4.2.2 拆卸器件

拆除房顶的节能灯、左面墙的两位双控开关和正面墙的一位单控开关,把拆卸下来的器件进行分类整理,拆卸器件后的效果图如图 4-28 所示。

4.2.3 固定新增器件

(1)在安装底盒前先在底盒相应位置开孔,在墙面相应位置标记出底座和壁灯的安装线,如图 4-29 所示。

(2)根据《施工单》要求在相应位置安装开关底盒、壁灯底座和圆盘灯底盘,如图 4-30 所示。

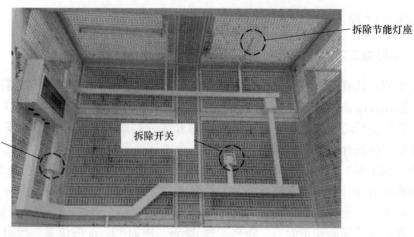

图 4-28 拆卸器件后的效果图

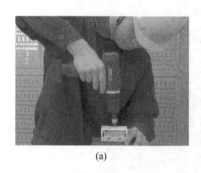  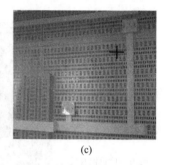

(a)   (b)   (c)

图 4-29 标记安装位置

（a）用开孔器钻线管孔；（b）画出新增底盒安装位置的标记；（c）画出壁灯安装位置的标记

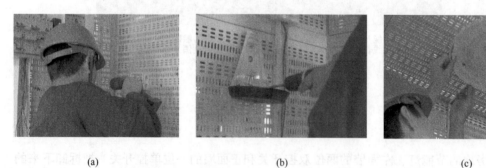  

(a)   (b)   (c)

图 4-30 固定新增器件底盘

（a）固定底盒；（b）固定壁灯底盘；（c）固定圆盘灯底盘

4.2.4 敷设新增的线管和线槽

根据《施工单》要求，新增的底盒和原线槽之间使用 PVC 线管布线，在 60mm×40mm 线槽相应位置开孔，把切割好的线管按规范进行安装，如图 4-31（a）所示。注意：

管与底盒和线槽连接须使用杯梳进行连接。壁灯和线槽之间使用线槽布线，在 40mm×20mm 线槽的相应位置开出槽口，把切割好的线槽插入槽口并按要求固定，如图 4-31（b）所示。

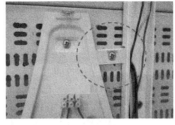

（a）   （b）

图 4-31　敷设新增的线管和线槽

（a）PVC 线管敷设效果图；（b）线槽敷设效果图

扫一扫查看
视频 4-1

4.2.5　敷设导线和器件接线

根据《施工单》要求正确选择导线和器件，完成智能开关、壁灯和圆盘灯的导线敷设和器件接线，如图 4-32 所示。

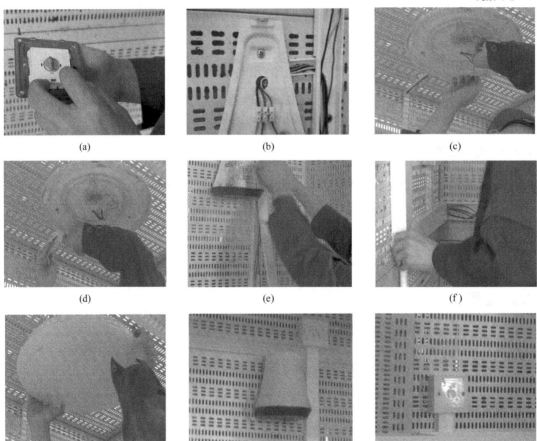

（a）   （b）   （c）

（d）   （e）   （f）

（g）   （h）   （i）

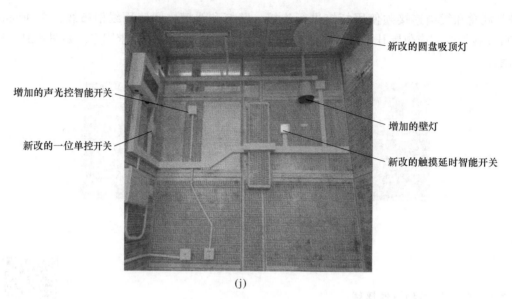

新改的圆盘吸顶灯

增加的声光控智能开关

增加的壁灯

新改的一位单控开关

新改的触摸延时智能开关

(j)

图 4-32 敷设导线和器件接线

（a）智能开关接线；（b）壁灯接线；（c）圆盘灯接线；（d）盖圆盘灯线槽盖；（e）盖壁灯线槽盖；（f）盖主线槽盖；
（g）安装圆盘灯灯罩；（h）安装壁灯灯罩；（i）固定开关面板；（j）完成改装的效果图

4.2.6 通电前的检查

本项目只对公寓照明回路进行改装，因此只需对照明回路进行通电前检查。断开所有空气断路器，选用万用表 R×1kΩ 挡测量照明回路断路器 QF_5 的输出端和零线端的电阻不为 0Ω，初步判断圆盘吸顶灯和壁灯回路无短路现象，再使用绝缘电阻表检测线路的绝缘电阻。

扫一扫查看
视频 4-2

4.2.7 通电试验

接通电源总开关 QF_1 和照明回路断路器 QF_5，在光线足够亮时，尽管有声音，壁灯也不亮；用手遮住正面墙（B_1 面）的声光控智能开关模拟黑夜，在有声音时，壁灯发亮并延时，延时一段时间后壁灯自动熄灭；按动正面墙（B_2 面）的触摸延时开关，圆盘吸顶灯发亮并延时，延时一段时间后，圆盘吸顶灯自动熄灭。接通左面墙（A 面）的一位单控开关，荧光灯发亮，断开左面墙（A 面）的一位单控开关，荧光灯熄灭。

4.3 工作页

4.3.1 学习活动 1 明确任务和勘查现场

引导问题 1：阅读工作情境描述，简述工作任务是什么？

_____。

引导问题 2：勘查现场的同时认真阅读用户提供的图纸，根据《施工单》的施工内容，在图 4-33 所示公寓改装器件安装位置示意图上把需要加装或改装的器件补充并标注安装尺寸。

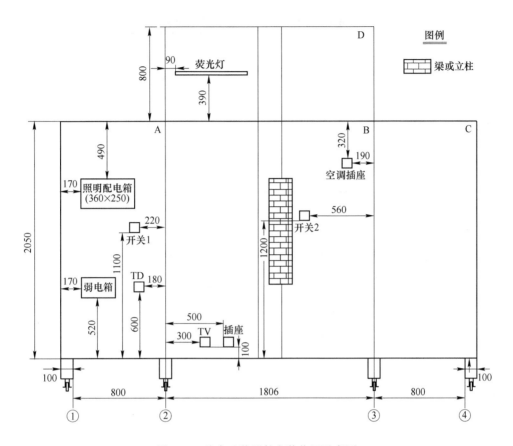

图 4-33　公寓改装器件安装位置示意图

引导问题 3：根据《施工单》的施工内容，在图 4-34 所示的公寓改装照明平面图上补充需要加装或改装的器件符号及线路。要求：使用国家标准《电气简图用图形符号》（GB/T 4728）中规定的符号，如果 GB/T 4728 中没有合适的符号选用时，可自行合理地设计图形符号，但必须另外加以说明。

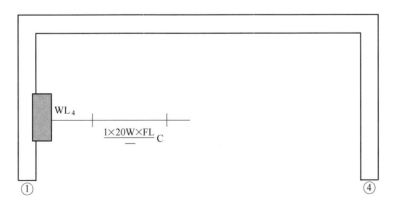

图 4-34　公寓改装照明平面图

引导问题 4：小组讨论共同制订工作计划，填写在表 4-1 中。

表 4-1 施工步骤、小组分工及预计时间

序号	施工步骤	小组分工	预计时间
1			
2			
3			
4			
5			
6			

4.3.2 学习活动 2 施工前的准备

引导问题：根据《施工单》的施工内容，列出本任务所需器件和材料，并对关键器件进行检测，初步判断其好坏，填入表 4-2 中。

表 4-2 施工所用器件及材料名称

序号	器件及材料名称	型号/规格	数 量	初步判断好坏
1				
2				
3				
4				
5				
6				
7				
8				
9				
10				
11				
12				
13				
14				
15				
16				

4.3.3 学习活动 3 现场施工

引导问题：按施工步骤施工并写出施工的注意事项，填入表 4-3 中。

表 4-3 施工注意事项

序号	施工注意事项
1	
2	
3	
4	
5	
6	
7	

4.3.4 学习活动 4 项目验收与评价

根据评分标准对本项目进行验收。学生进行自评，小组进行互评，教师和企业专家评审、验收，评分标准见表 4-4。

表 4-4 评分标准

考核项目	评 分 点	配分	评 分 标 准	自评（30%）	互评（30%）	教师/专家评（40%）
器件的安装（20分）	接线底盒的安装位置	3	开关底盒的安装位置或垂直度误差大于5mm，扣3分/个			
	灯具的安装位置	3	壁灯的安装位置误差大于5mm，扣3分			
		3	吸顶灯的安装位置误差大于5mm，扣3分			
	照明器件的安装	4	开关面板安装不到位，或方向不正确，扣2分/个			
		3	至少3颗螺钉固定底盒，且安装牢固，不符合要求的扣1分/个			
		4	灯具安装固定不牢固，扣2分/个			
敷线器材安装位置（10分）	PVC线管的安装位置	3	线管的安装尺寸误差大于5mm，扣3分/处			
		2	线管安装的水平和垂直度不符合要求，扣2分/处			
	PVC线槽的安装位置	3	线槽的安装尺寸误差大于2mm，扣3分/处			
		2	线槽安装的水平和垂直度不符合要求，扣2分/处			

考核项目	评分点	配分	评分标准	自评（30%）	互评（30%）	教师/专家评（40%）
敷线器材的安装工艺和规范性（20分）	PVC 线管敷设	10	（1）线管管径选用不正确，扣 2 分/处； （2）线管入盒，没有正确使用连接件连接并锁紧，扣 2 分/处； （3）线管弯曲处应圆滑，无折皱、凹穴或裂纹，不符合要求的扣 1 分/处； （4）线管弯曲半径不符合要求，扣 1 分/处； （5）线管管卡固定不符合要求，扣 1 分/处； （6）线管敷设应横平竖直、不歪斜，线管完全嵌入管卡中，不符合要求的扣 1 分/处			
	PVC 线槽敷设	10	（1）线槽未贴墙面，扣 2 分/处； （2）线槽盖板应完全盖好、没有翘起，线槽终端使用封头封堵，不符合要求的扣 2 分/处； （3）线槽拼接处缝隙大于 1mm，扣 2 分/处； （4）异径线槽底槽未伸入，扣 2 分/处； （5）异径线槽 T 形连接处缝隙大于 1mm，扣 2 分/处； （6）线槽与吸顶灯座缝隙大于 1mm，扣 2 分/处； （7）线槽底槽未伸入吸顶灯座，扣 2 分/处； （8）线槽螺钉固定不符合要求，扣 2 分/处			
照明线路（30分）	照明线路敷设与接线	10	（1）接线底盒、灯座内导线应留有余量，不符合要求的扣 3 分/处； （2）线路所有接线端连接应规范可靠，无松动、无绝缘损伤、无压绝缘、导线露铜应小于 1mm，否则扣 2 分/处			

考核项目	评分点	配分	评分标准	自评 （30%）	互评 （30%）	教师/专家评 （40%）
照明线路 （30分）	灯具功能	20	（1）吸顶灯或壁灯不能通过开关控制亮灭，扣10分/个； （2）改装后影响其余灯具或其余线路功能，扣20分			
职业与 安全意识 （20分）	安全施工	12	（1）不穿工作服、绝缘鞋扣4分； （2）室内施工过程不戴安全帽、经提醒1次后再重犯，每次扣2分； （3）登高作业时，不按安全要求使用人字梯，1次扣2分； （4）不按安全要求进行带电或停电检修（调试），视情节严重情况扣4分； （5）不按安全要求使用电动工具扣4分； （6）不按安全要求使用工具作业扣4分			
	文明施工	8	（1）施工过程工具与器材摆放凌乱，扣4分； （2）工程完成后不清理现场，施工中产生的弃物不按规定处置，各扣2分			

说明：施工过程中违反安全操作规程，发生操作者受伤、设备损坏、短路、触电等现象者，视情节严重情况扣10~30分

小 计

合 计 总 分

工匠案例

工人的创新发明家——罗昭强

罗昭强，中车长春轨道客车股份有限公司车辆装调工，他扎根一线30年来，先后完成200余项"五小成果"和立项攻关，创造了一个又一个"创新奇迹"，荣获"全国五一劳动奖章""中华技能大奖""中国中车高铁工匠""全国劳动模范"等荣誉称号，被誉为"工人院士"和"高铁调试大师"。

1990年，17岁的罗昭强技校毕业后进入长春客车厂（中车长客股份有限公司前身）

工作，当上了一名维修电工。因为热爱电工职业，罗昭强想尽一切办法拜师学艺，考取了电气自动化大专和本科文凭，他还自学了西门子、施耐德、罗克韦尔等不同 PLC 的编程和组态等技术，由一名普通维修电工成长为中车长客 400 多台（套）高铁核心设备技术最精湛的"维修大师"，他的手机号被各大设备部门设成了快捷键。43 岁时的罗昭强怀着助力中国高铁腾飞的深情，毅然转岗到难度最高的机车调试岗位。他勤于钻研、勇于创新，研发的高铁整车模拟调试实训装置，开创了利用模拟手段对从事高铁车辆调试工作的操作员工进行培训的先河。首批"复兴号"出厂调试时，他率队完成了数十项调试方法的创新，实现了故障准确定位，提高了调试效率，降低了质量管控难度。

罗昭强用执着与坚守，深度诠释了"产业报国，勇于创新，为中国梦提速"的大国工匠精神。

课 后 练 习

4-1 填空题

（1）家居照明常用的灯具有＿＿＿＿＿灯、＿＿＿＿＿灯、＿＿＿＿＿灯、＿＿＿＿＿灯、＿＿＿＿＿灯、＿＿＿＿＿等。

（2）家居照明常用的智能开关有＿＿＿＿＿开关、＿＿＿＿＿开关和＿＿＿＿＿开关等。

（3）声光控延时开关是自动延时电子节能开关，以＿＿＿＿＿和＿＿＿＿＿控制方式工作，即只有在＿＿＿＿＿时灯才可被点亮，经过延时一段时间后自动熄灭；如果光线足够亮，尽管有声音，灯＿＿＿＿＿（能/不能）被点亮。

（4）用手轻触摸一下开关金属感应板，电灯即可点亮，这种开关叫＿＿＿＿＿＿＿＿开关，这种开关靠＿＿＿＿＿感应工作。

4-2 简答题

某过道安装的吸顶灯通过声光控智能开关控制，近日发现该吸顶灯白天和夜晚有声音时均不亮；该过道的其余线路正常，保护开关无跳闸，请分析引起该故障的原因，写出检修流程。

项目5 动力线路安装与调试

项目学习目标

  ·知识与技能

  （1）掌握配电系统图、配电箱布局图、干线系统图和动力布线示意图的读图方法，学会识读配电系统图、配电箱布局图、干线系统图和动力布线示意图等施工图纸。

  （2）了解电能表、配电箱、桥架等材料的作用、分类、性能特点和使用场合等，掌握其安装规范和安装方法。

  ·能力目标

  （1）能够根据《施工单》和施工图纸，按相关规程和规范敷设桥架，安装、调试和检测动力线路。

  （2）能够运用本项目所学知识和技能解决生产和生活中的实际问题。

  ·素质目标

  （1）养成遵守安全操作规程，爱护设备、工具、量具，保护工作环境清洁有序的习惯。

  （2）形成安全操作、文明生产的责任意识和节能环保意识。

  ·思政目标

  （1）弘扬爱岗敬业、精益求精、执着专注、一丝不苟、追求卓越、勇于创新的工匠精神。

  （2）形成节能意识和环保意识，自觉践行绿色生活理念，增强可持续发展的社会责任感。

工作情境描述

  某小区楼层需要进行动力线路的安装，装修公司接受了此工作任务单，设计工程师已经按需求设计出图纸，请你完成此任务，具体任务查看《施工单》。动力线路施工图纸如图5-1所示。

5.1 知识储备

5.1.1 识读施工图纸

5.1.1.1 识读电源配电箱布局图

  电源配电箱布局图反映了电源配电箱内部各器件的相对位置关系。本项目的电源配电箱布局图如图5-2所示，电源配电箱分左、右两个区域，电能表安装在左边，其下方安装端子排；隔离开关安装在右边，其下方安装断路器，安装时应按照该布局图的相对位置进行器件固定。

5.1.1.2 识读干线系统图

  干线系统图表示电源配电箱与各电气箱之间的电源分配关系。图5-3所示是本项目的干线系统图，从设备外引入电源到电源配电箱后，再从电源配电箱引出两路电源，一路供

××楼层动力线路电气安装工程

施 工 单

施工单编号 No：××××××

发单日期：××××年××月××日

工 程 名 称	××楼层动力线路电气安装工程		
工位号		施工日期	
施工内容	(1) 根据配电系统图、配电箱内部布局图和动力布线示意图选择材料和器材； (2) 根据配电箱内部布局图完成电源配电箱器件的安装； (3) 根据动力布线示意图完成电气设备与器件、桥架和相关附件的安装； (4) 根据配电系统图完成配电线路的接线与调试		
施工技术资料	图5-1（a）配电系统图 图5-1（b）动力布线示意图 图5-1（c）配电箱内部布局图		
施工要求	(1) 按《电气安全工作规程》进行施工； (2) 按《电气装置安装工程低压电器施工及验收规范》要求安装器件和控制电路； (3) 按《建筑电气工程施工质量验收规范》中的验收标准安装电气线路		

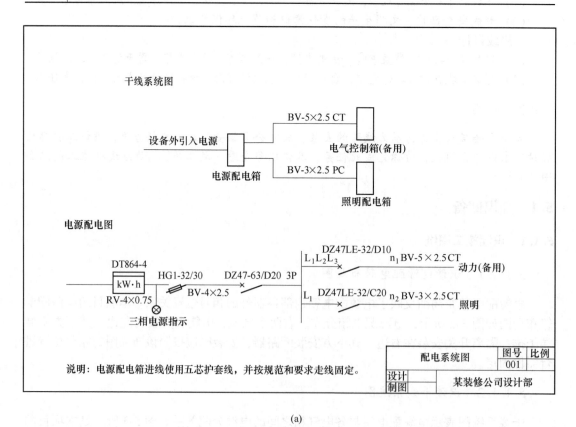

干线系统图

电源配电图

说明：电源配电箱进线使用五芯护套线，并按规范和要求走线固定。

配电系统图	图号	比例
	001	
设计 制图	某装修公司设计部	

(a)

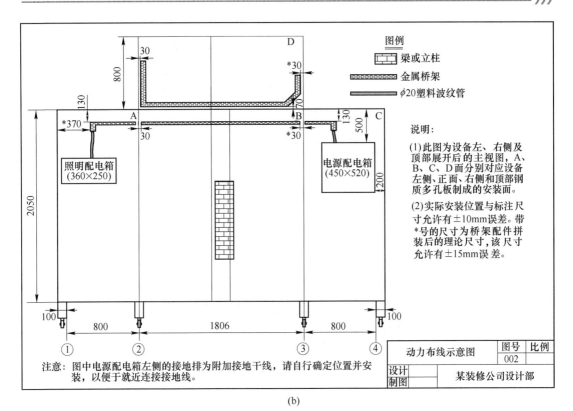

(b)

说明:

(1)此图为设备左、右侧及顶部展开后的主视图,A、B、C、D面分别对应设备左侧、正面、右侧和顶部钢质多孔板制成的安装面。

(2)实际安装位置与标注尺寸允许有±10mm误差。带*号的尺寸为桥架配件拼装后的理论尺寸,该尺寸允许有±15mm误差。

图例
梁或立柱
金属桥架
ϕ20塑料波纹管

照明配电箱(360×250)

电源配电箱(450×520)

动力布线示意图 | 图号 | 比例
002
设计 | 某装修公司设计部
制图

注意:图中电源配电箱左侧的接地排为附加接地干线,请自行确定位置并安装,以便于就近连接接地线。

电能表

隔离开关

端子排

断路器

配电箱内布局图 | 图号 | 比例
003
设计 | 某装修公司设计部
制图

(c)

图 5-1 楼层动力线路施工图纸

(a)配电系统图;(b)动力布线示意图;(c)配电箱内布局图

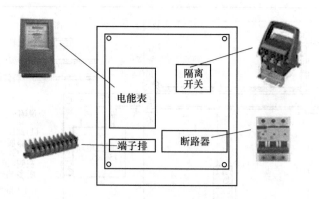

图 5-2 电源配电箱布局图

电气控制箱、另一路供照明配电箱。连接电气控制箱的导线参数为 BV-5×2.5CT，表示电源配电箱与电气控制箱之间用 5 根 2.5mm² 塑料绝缘铜芯导线，通过桥架敷设。连接照明配电箱的导线参数为 BV-3×2.5CT，表示电源配电箱与照明配电箱之间用 3 根 2.5mm² 塑料绝缘铜芯导线，通过桥架敷设。

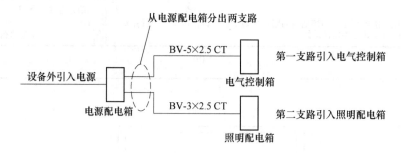

图 5-3 干线系统图

5.1.1.3 识读电源配电箱系统图

电源配电箱系统图表示电源配电箱内部各器件的连接关系。图 5-4 是本项目的电源配电箱系统图，电源配电箱内安装有三相电能表、熔断式隔离开关、空气断路器、漏电保护断路器和三相电源指示灯。

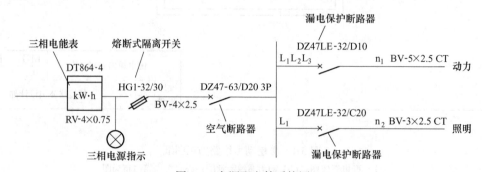

图 5-4 电源配电箱系统图

连接三相电源指示灯的导线参数为 RV-4×0.75，表示使用 4 根 0.75mm² 的塑料绝缘铜芯软线进行连接。配电箱内各开关间均使用导线参数为 BV-n×2.5，表示 2.5mm² 的塑料绝缘铜芯线连接。

5.1.1.4　识读动力布线示意图

本项目的动力布线示意图如图 5-5 所示。电源配电箱安装在设备左面墙，它与照明配电箱之间的导线通过桥架敷设，安装时应按照该图所标注尺寸，结合现场选择不同的桥架连接件进行连接。

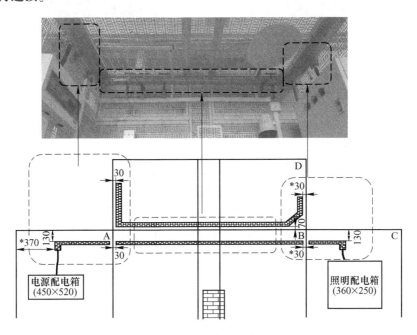

图 5-5　动力布线示意图

5.1.2　认识电能表

5.1.2.1　电能表的分类

电能表又称为电度表，它是一种用来计算用电量（电能）的测量仪表。电能表按功能不同分有功电能表和无功电能表。除配置有变压器的用户需要同时安装有功电能表和无功电能表外，一般的用户只需要安装有功电能表。有功电能表分单相电能表、三相四线电能表和三相三线电能表。住宅使用单相电源供电，因此使用单相电能表；工厂或配电房需要用到三相电源，因此使用三相四线电能表或三相三线电能表。根据工作方式不同，电能表可分为感应式和电子式两种。感应式电能表又称为机械式电能表，是利用电磁感应产生力矩来驱动计数机构对电能进行计数，常见的机械式电能表如图 5-6 所示。

电子式电能表是利用电子电路驱动计数机构来对电能进行计数，一般采用 LCD 显示方式，具有功能强大、易扩展，准确度等级高且稳定，受外磁场影响小，频率响应范围

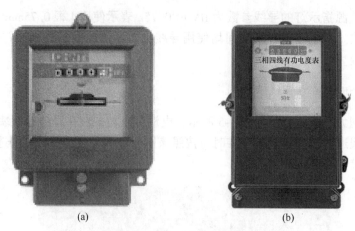

(a) (b)

图 5-6 常见的机械式电能表

(a) 单相机械式电能表；(b) 三相机械式电能表

宽，便于安装使用，过负荷能力大，防窃电能力更强等优点，因此被广泛使用。电子式电能表按功能分为普通型和智能型，常见的电子式电能表如图 5-7 所示。其中，图 5-7 (a) 为普通型电子式电能表，具有计量和显示等基本功能；图 5-7 (b) 为智能型电子式电能表，除了具有计量和显示等基本功能外，还具有正、反双方向计量功能、远程抄表控制和插卡预付费等功能。电子式电能表按安装方式分为普通安装式和导轨安装式，图 5-7 (a) 和 (b) 的电能表为普通安装式，即使用螺钉直接固定使用；图 5-7 (c) 和 (d) 所示为导轨安装式，电能表需安装在导轨上使用。

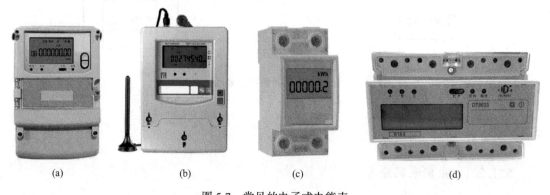

(a) (b) (c) (d)

图 5-7 常见的电子式电能表

(a) 普通型；(b) 预付费智能型；(c) 单相导轨安装式；(d) 三相导轨安装式

5.1.2.2 电能表的选用与安装

电能表容量用安培"A"表示，选用电能表要留有适当的容量。假如一个 20A 的电能表，它最大能承受的功率为 $20A \times 220V = 4400W$。如果家庭所有电器的用电量为 4400W，选用的电能表要大 2~3 倍，应选用 40A 或 60A 的电能表。

电能表要设置在干燥、明净和没有震动的地方，安装的高度离地面以不低于 1.2m、不超过 2m 为宜。

5.1.2.3 电能表的接线

A 单相机械式电能表的接线

电能表在使用时，要与线路正确连接才能正常工作；如果连接错误，轻则会出现电量计数错误，重则会烧坏电能表。

单相机械式电能表共有 4 个接线端，从左到右依次为①、②、③、④。接线时，电能表的①、③端子接电源进线（①号端子接火线，③号端子接零线），电能表的②、④端子接负载（②号端子为火线，④号端子为零线），简称"①、③进，②、④出"，如图 5-8 所示。

B 单相电子式电能表的接线

DDS6616-2P 型单相导轨式电子电能表如图 5-9 所示。用电量由 6 位 LCD 屏显示，其中 5 位整数位，1 位小数位，单位为千瓦时，具有脉冲输出指示灯和清零按钮，能实时查看数据显示，并对电表的数据进行清零控制。

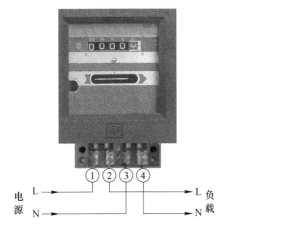

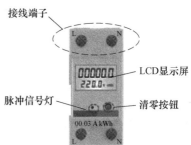

图 5-8 单相机械式电能表的接线 　　图 5-9 DDS6616-2P 型单相导轨式电子电能表的面板功能

DDS6616-2P 型单相导轨式电子电能表共有 4 个接线端，其中两个进线端，两个出线端。接线时可以"上进下出"，也可以"下进上出"，但必须注意区分火线和零线，如图 5-10 所示。

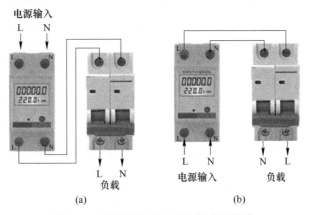

图 5-10 单相导轨式电子电能表的接线
（a）"上进下出"接线方式；（b）"下进上出"接线方式

C 三相机械式电能表的接线

三相电能表可分为三相三线式电能表和三相四线式电能表。

三相三线机械式电能表共有 8 个接线端，从左到右依次为 1、2、3、4，5、6、7、8，接线方法如图 5-11 (a) 所示。三相电源的 L_1、L_2、L_3 分别接到电能表 1、4、6 号端子上，短接 1 和 2、4 和 5 、6 和 7 号端子，3、5、8 号端子作为输出端接负载。

三相四线机械式电能表共有 11 个接线端，从左到右依次为 1、2、3、4，5、6、7、8、9、10、11，接线方式如图 5-11 (b) 所示。三相电源的 L_1、L_2、L_3、N 分别接到电能表 2、5、8、10 号端子上，短接 1 和 2、4 和 5 、7 和 8 号端子，3、6、9、11 号端子作为输出端接负载。

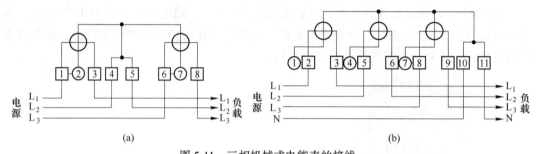

图 5-11 三相机械式电能表的接线

(a) 三相三线机械式电能表接线图；(b) 三相四线机械式电能表接线图

D 三相电子式电能表的接线

DTS633 型是一款常用的三相四线导轨式电子电能表，其面板功能如图 5-12 (a) 所示。此电能表有三相电源指示和脉冲输出指示灯，用电量由 7 位 LCD 屏显示，其中 6 位整数位，1 位小数位，单位为千瓦时，能实时查看数据显示。

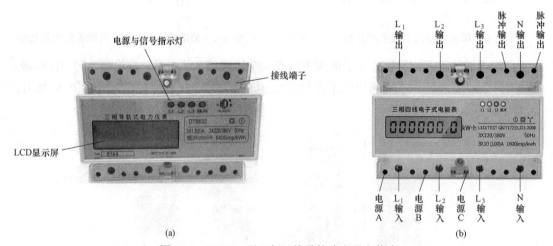

图 5-12 DTS633 型三相四线导轨式电子电能表

(a) 面板功能；(b) 接线端子功能

DTS633 型三相四线导轨式电子电能表的接线端子功能如图 5-12 (b) 所示，它有 8 个电源接线端和 5 个信号接线端，电源接线端用于连接电源的进线和出线，信号接线端具有不同的功能，根据需要选择使用。智能型电能表由于功能较多，因此一般有 16 个信号接线端，每个信号接线端都具有相应的功能。其中 9、11 和 13 信号端子分别是三相电源的信号端子，分别对应面板上的 L_1、L_2 和 L_3 指示灯，可以分别接入三相电源，作为三相电源的信号指示；7 和 8 信号端子分别是脉冲输出信号正、负极，可以根据需要接入相关的设备中使用。

三相四线导轨式电子电能表接线方式如图 5-13 所示，三相电源的 L_1、L_2、L_3、N 分别接到电能表下端的端子"L_1""L_2""L_3""N"端子上，电能表上端的端子 L_1、L_2、L_3、N 端子上端子作为输出端接负载。信号接线端"9""11"和"13"分别与"L_1""L_2"和"L_3"端子短接，使电能表面板的三相电源灯作信号指示，也可以分别接入外部电源指示灯，作为外部三相电源信号指示。

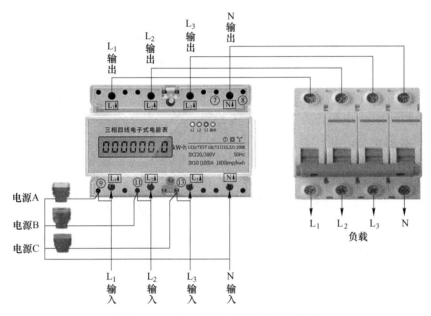

图 5-13 三相四线电子式电能表的接线

5.1.3 认识配电箱

配电箱是接收和分配电能的电气装置，连接电源和用电设备。按电气接线要求将开关设备、测量仪表、保护电器和辅助设备组装在封闭或半封闭金属柜中构成的低压配电装置，有接通或分断电路、显示各种参数、保护、报警等作用。

5.1.3.1 配电箱的分类

配电箱按其结构特征分为固定面板式、防护式、抽屉式等，体积较小的一般称为配电箱，体积较大的一般称为配电柜。

（1）固定面板式柜（箱）是一种有面板遮拦的开启式开关柜（箱），正面有防护作用，背面和侧面仍能触及带电部分，防护等级低，只能用于对供电连续性和可靠性要求较低的工矿企业，作变电室集中供电用，如图 5-14 所示。

（2）防护式柜（箱）主要用作工艺现场的配电装置，除安装面外，其他所有侧面都被封闭起来的一种低压开关柜（箱），即封闭式开关柜（箱），如图 5-15 所示。开关、保护和监测控制等器件均安装在一个用钢或绝缘材料制成的封闭外壳内，可靠墙或离墙安装。

图 5-14　固定面板式开关柜（箱）　　　　图 5-15　防护式开关柜（箱）

（3）抽屉式柜（箱）采用钢板制成封闭外壳，进出线回路的器件都安装在可抽出的抽屉中，构成能完成某一类供电任务的功能单元，如图 5-16 所示。具有较高的可靠性、安全性和互换性，适用于要求供电可靠性较高的工矿企业、高层建筑，作为集中控制的配电中心。

5.1.3.2　配电箱的组成

配电箱主要由箱体、配电盘、零线接线排和地线接线排等组成，配电盘可以与箱体分离，便于进行器件的安装和接线。

图 5-16　抽屉式开关柜

本项目的配电箱如图 5-17 所示，主要用于电源指示、计量和对交流 500V 以下的三相

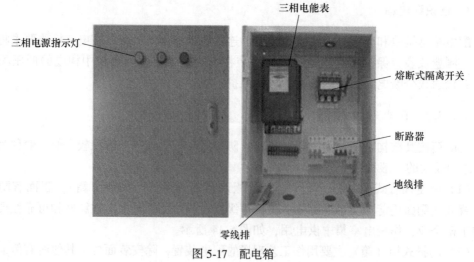

图 5-17　配电箱

四线电源进行控制，同时为照明和动力负荷提供单相交流电源 220V 电压和三相四线交流电源 380V 电压。要求外部设有电源指示灯，内部左侧使用三相电能表用于电能的计量，右侧分为二级进行控制，第一级布置总负荷开关熔断式断路器作为总控制，第二级布置各回路断路器，分别对照明和动力负荷进行独立控制，配电箱底部左、右两侧分别安装零线接线排和地线接线排。

扫一扫查看
视频 5-1

5.1.3.3 配电箱的安装

A 配电箱器件的固定

（1）确定器件的固定位置。根据施工图纸确定各器件的位置，在配电盘画出安装位置的水平线和垂直线，定出每种器件的安装位置。如果电器需用导轨固定，则先要定出导轨的安装位置，如图 5-18 所示。

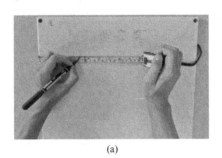

图 5-18 确定器件的固定位置

（a）画出安装位置的水平和垂直线；（b）使用工具开固定孔

（2）固定器件。根据施工图纸选择器件，在配电盘上进行固定，要求器件固定位置准确、牢固、横平竖直。电能表安装一定要垂直，不能倾斜，否则会影响计量的准确性，配电盘固定器件效果如图 5-19 所示。

B 配电盘配线

根据施工图纸并结合器件规格、容量和所在位置及设计要求等，选择合适长度的导线捋直后进行配线，配电盘配线步骤如图 5-20 所示。

配电盘上布单股硬线时，须横平竖直、归边走线、走线成束，如图 5-21（a）所示；多回路间的导线应整齐不交叉，如图 5-21（b）所示；导线不能如

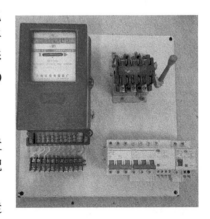

图 5-19 配电盘固定器件效果

图 5-21（c）所示凌乱。L₁、L₂、L₃ 电源线的颜色按相序依次为黄色、绿色、红色，保护接地线为黄绿双色线，工作零线为蓝色或黑色线。导线与器件的连接必须牢固，压线方向应正确，不能压导线绝缘皮，如图 5-22（a）所示；导线露铜不应大于 1mm，如图 5-22（b）所示；同一端子上连接导线不应超过 2 根，如图 5-22（c）所示。

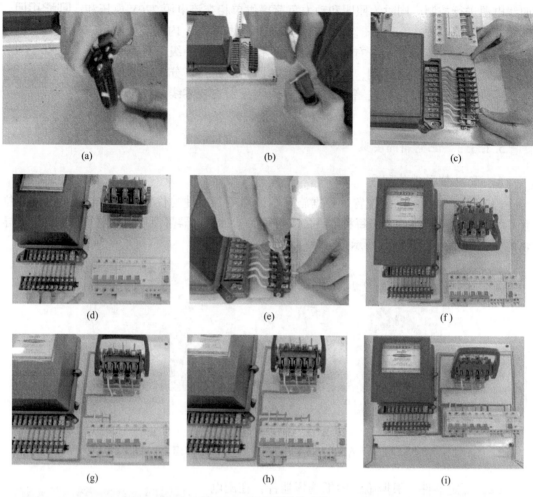

图 5-20　配电盘配线步骤

（a）剥线；（b）用工具弯出导线；（c）测量走线长度 1；（d）测量走线长度 2；（e）固定导线；（f）局部完成效果图 1；
（g）局部完成效果图 2；（h）局部完成效果图 3；（i）完成效果图

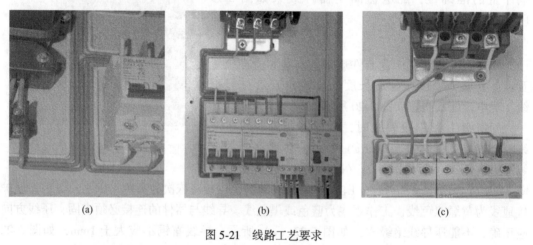

图 5-21　线路工艺要求

（a）横平竖直、归边走线；（b）多回路间的导线连接不交叉；（c）导线凌乱，不合格

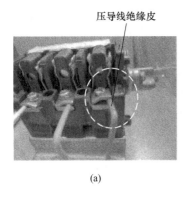
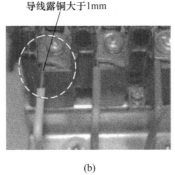
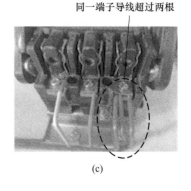

压导线绝缘皮 导线露铜大于1mm 同一端子导线超过两根

(a) (b) (c)

图 5-22 接线工艺不合格样例

（a）压导线绝缘皮；（b）导线露铜大于1mm；（c）同一端子连接导线超过两根

C 导线与盘面连接

（1）电源进线与负荷引出线的连接。电源进线一般应从配电箱顶部接入，负荷引出线一般应从配电箱的底部引出，有特殊情况也可根据实际的需要调整。如图 5-23 所示，电源进线与负荷导线接入盘面时应适当留有余量，且应顺直、整齐，盘上的配线应沿箱体的周边把成束，中间不能有接头，电源配电箱的引出线须套号码管并按图纸进行标注。

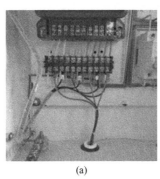
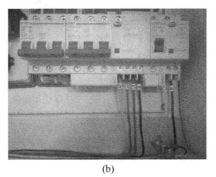

(a) (b)

图 5-23 引入与引出线连接

（a）引入线连接；（b）引出线连接

（2）电源指示灯的连接。连接电源指示灯时，导线必须用缠绕管规范成束，使用扎带分别"十"字双绑在箱体和箱门的固定架上，剪去扎带多余部分且不能有毛刺，如图 5-24（a）所示；用缠绕管成束的导线在箱体开门处须预留开关门余量，如图 5-24（b）所示；连接电源指示灯线的导线采用扎带绑扎或缠绕管缠绕，套号码管并按图纸进行标注，如图 5-24（c）所示。

D 线排的连接

工作零线和保护接地线应在汇流排上采用螺钉连接，螺钉固定应有平垫圈和弹簧垫圈，同一端子上连接导线不应超过 2 根，不能并头铰接，工作零线排和保护接地线排的连接如图 5-25 所示。

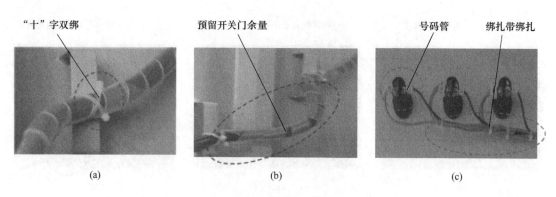

图 5-24 箱门线安装标准

（a）"十"字双绑；（b）预留开关门余量；（c）灯线采用绑扎带绑扎

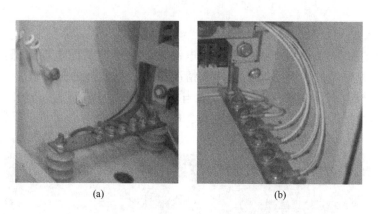

图 5-25 工作零线排和保护接地线排的连接

（a）工作零线排；（b）保护接地线排

配电箱接线的注意事项：

（1）多股铜导线与电气端子连接，应焊接或压接端子后再连接，严禁弯成接线圈连接；

（2）开关及其他器件的导线连接处既要牢固压紧，又不得损伤芯线；

（3）电能表接线时，单相电能表的电流线圈必须与相线连接，三相电能表的电压线圈不能装熔丝；

（4）漏电保护断路器接线时，应注意其上的标志，相线与中性线不能接错。

E 配电箱的保护接地

按照国家标准《电气装配安装工程接地装置施工及验收规范》的有关规定，将电器的金属外壳、技术框架进行接地（或接零），箱体的接地排应有效地与接地干线连接，如图 5-26 所示。

5.1.4 认识电缆桥架

电缆桥架简称桥架，是架设电缆的一种构架，通过电缆桥架把电缆从配电室或控制室送到用电设备。

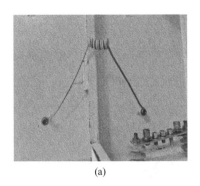

(a) (b)

图 5-26 箱体的接地排与接地干线连接

（a）箱体与箱门地线连接；（b）箱体与接地排连接

电缆桥架布线用于电缆数量较多或较集中的室外及电气竖井内等场所架空敷设，也可以在电缆沟和电缆隧道内敷设。电缆桥架不仅可以用于敷设电力电缆、照明电缆，还可以用于敷设自动控制系统的控制电缆，因此被广泛使用。

5.1.4.1 电缆桥架的分类

电缆桥架按其材质分为阻燃型桥架、钢制桥架、铝合金桥架、不锈钢桥架、防火桥架及玻璃钢桥架，其工艺有镀锌、喷塑、静电喷塑、热镀锌等。

电缆桥架按其样式分为梯级式电缆桥架、托盘式电缆桥架和槽式电缆桥架。选型时应注意桥架的所有零部件是否符合系列化、通用化、标准化的成套要求。建筑物内的桥架可以独立架设，也可以敷设在各种建（构）筑物和管廊支架上，应体现结构简单、造型美观、配置灵活和维修方便等特点。

（1）梯级式电缆桥架。梯级式电缆桥架适用于直径较大电缆的敷设或高、低压动力电缆的敷设，梯级式电缆桥架如图 5-27 所示。

（2）托盘式电缆桥架。托盘式电缆桥架是石油、化工、轻工、电信等应用广泛的一种，它既适用于动力电缆的安装，也适合于控制电缆的敷设，托盘式电缆桥架如图 5-28 所示。

（3）槽式电缆桥架。槽式电缆桥架是一种全封闭型电缆桥架，它适用于敷设计算机电缆、通信电缆、热电偶电缆及其他高灵敏系统的控制电缆等。它对控制电缆的屏蔽干扰和重腐蚀环境中的电缆防护都有较好的效果，槽式电缆桥架如图 5-29 所示。

图 5-27 梯级式电缆桥架 　　图 5-28 托盘式电缆桥架 　　图 5-29 槽式电缆桥架

5.1.4.2 电缆桥架的结构品类

电缆桥架的结构品类有直线段、弯通、附件及托架、吊架等。电缆桥架空间布局示意图如图 5-30 所示。

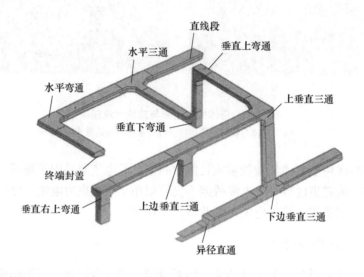

图 5-30 电缆桥架空间布局示意图

（1）直线段。它是一段不能改变方向或尺寸的，用于直接承拖电缆的刚性直线部件，如图 5-31 所示。

（2）弯通。它是一段能改变方向或尺寸的，用于承拖电缆的刚性非直线部件，通常包含下列品种。

1）水平弯通。在同一水平面改变托盘、梯架方向的部件，如图 5-32 所示。按角度分为 30°、45°、60°、90°四种。

2）水平三通。在同一水平面以 90°分开三个方向连接托盘、梯架的部件，如图 5-33 所示。按宽度分为等宽、变宽两种。

3）水平四通。在同一水平面以 90°分开四个方向连接托盘、梯架的部件，如图 5-34 所示。按宽度分为等宽、变宽两种。

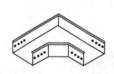
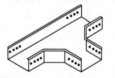
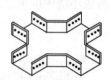

图 5-31 直线段　　　图 5-32 水平弯通　　　图 5-33 水平三通　　　图 5-34 水平四通

4）上弯通。使托盘、梯架从水平面改变方向向上的部件，如图 5-35 所示。按角度分为 30°、45°、60°、90°四种。

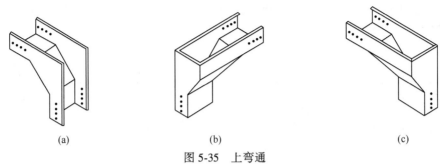

图 5-35　上弯通

（a）垂直上弯通；（b）垂直左上弯通；（c）垂直右上弯通

5）下弯通。使托盘、梯架从水平面改变方向向下的部件，如图 5-36 所示。按角度分为 30°、45°、60°、90°四种。

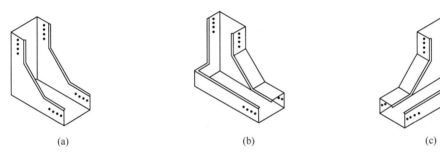

图 5-36　下弯通

（a）垂直下弯通；（b）垂直左下弯通；（c）垂直右下弯通

6）垂直三通。在同一垂直面以 90°分开三个方向连接托盘、梯架的部件，如图 5-37 所示。按宽度分为等宽、变宽两种。

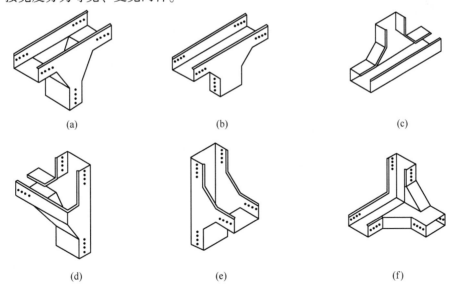

图 5-37　垂直三通

（a）上垂直三通；（b）上边垂直三通；（c）下边垂直三通；（d）垂直左三通；（e）下垂直三通；（f）下角垂直三通

7）垂直四通。在同一垂直面以 90° 分开四个方向连接托盘、梯架的部件，如图 5-38 所示。按宽度分为等宽、变宽两种。

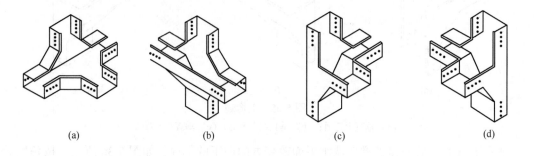

（a）　　　　　　（b）　　　　　　（c）　　　　　　（d）

图 5-38　垂直四通

（a）垂直向上四通；（b）垂直四通；（c）垂直转水平四通 A；（d）垂直转水平四通 B

8）变径直通。在同一水平面上连接不同宽度或高度的托盘、梯架的部件，如图 5-39 所示。

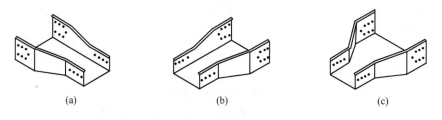

（a）　　　　　　　　（b）　　　　　　　　（c）

图 5-39　变径直通

（a）单边变径直通 A；（b）单边变径直通 B；（c）中间变径直通

（3）桥架附件。

桥架附件包括连接板、螺栓、螺母、接地线、扣锁、管接头、桥架盖板等，常见的桥架附件如图 5-40 所示。

（a）　　　　　　（b）　　　　　　（c）　　　　　　（d）

（e）　　　　　　（f）　　　　　　（g）　　　　　　（h）

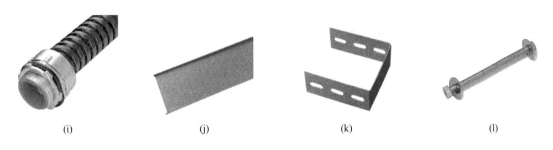

图 5-40　常见的桥架附件

（a）连接板；（b）马车螺栓；（c）法兰螺母；（d）铜编织带地线；（e）双色接地线；（f）板扣；（g）"7"字扣锁；

（h）桥架管接头；（i）桥架管接头与波纹管；（j）桥架盖板；（k）桥架终端封盖；（l）吊架丝杆

5.1.4.3　桥架的固定方式

桥架的固定方式分为托臂支架固定、骑马支架固定、水平吊框吊装和水平横担吊装等。

（1）托臂支架固定。这种固定方式适合用于桥架水平靠墙安装，常见的托臂支架如图 5-41 所示；三角托架可与托臂组合使用，其效果如图 5-41（c）所示。托臂支架是直接支承桥架的单端固定的刚性部件，可以根据需要选用不同长度的托臂支架，固定效果如图 5-42 所示。

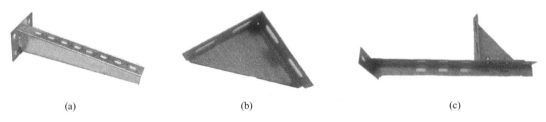

图 5-41　常见托臂支架

（a）托臂；（b）三角托架；（c）三角托架与托臂组合

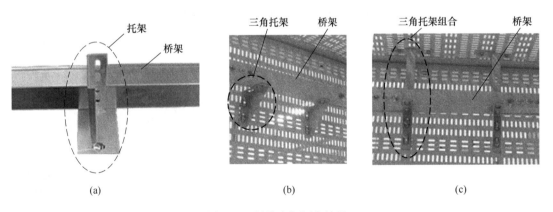

图 5-42　托臂支架固定效果

（a）托臂支架固定效果；（b）三角托架固定效果；（c）三角托架组合固定效果

（2）骑马支架固定。这种固定方式适合用于桥架垂直靠墙安装，常见的骑马支架如图 5-43（a）所示；骑马支架是直接支承桥架固定的刚性部件，固定效果如图 5-43（b）所示。

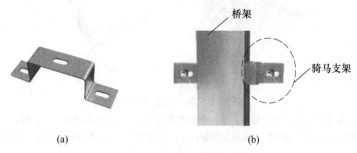

图 5-43　骑马支架及其固定效果

（a）骑马支架；（b）固定效果

（3）水平吊框吊装。这种固定方式适用于小规格桥架水平吊装使用，由吊框和一条丝杆组成吊架，如图 5-44 所示；对桥架进行水平吊框吊装的效果如图 5-44（c）所示。

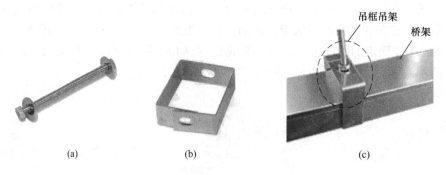

图 5-44　水平吊框吊装及其固定效果

（a）丝杆；（b）吊框；（c）固定效果

（4）水平横担吊装。这种固定方式适用于大规格桥架水平吊装使用，由横担和两条丝杆组成吊架，如图 5-45 所示；对桥架进行水平横担吊装的效果如图 5-45（c）所示。

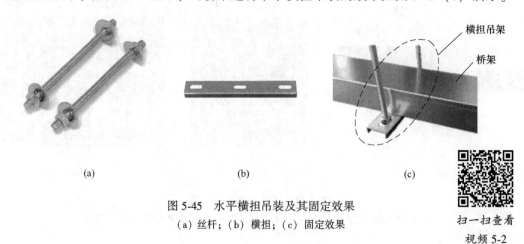

图 5-45　水平横担吊装及其固定效果

（a）丝杆；（b）横担；（c）固定效果

扫一扫查看

视频 5-2

5.1.4.4　桥架的连接

A　桥架直线段的连接

桥架直线段连接需使用桥架连接板，要求两段桥架之间的连接处没有明显缝隙，螺母应置于桥架的外侧，桥架直线段的连接步骤如图5-46所示。

B　桥架弯角的连接

桥架弯角连接时，应根据桥架走向选择相应的弯通，弯通与直线段的连接步骤如图5-47所示，不同桥架弯通的连接效果如图5-48所示。

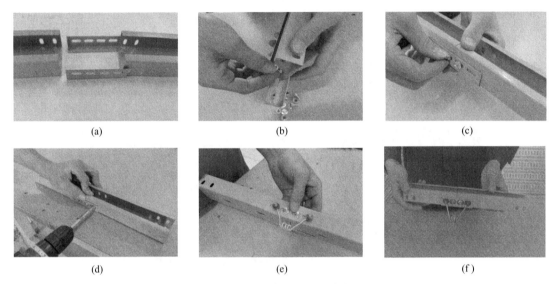

图 5-46　桥架直线段的连接步骤

（a）准备两段桥架直线段和连接板；（b）直线段1与连接板连接；（c）两段直线段连接；
（d）用电动工具紧固螺母；（e）在桥架另一侧跨接接地线；（f）完成效果

扫一扫查看
视频5-3

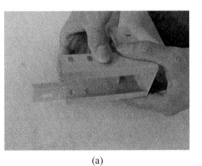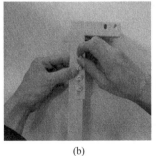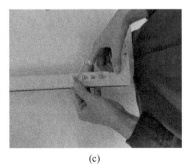

图 5-47　弯通与直线段的连接步骤

（a）弯通与连接板连接；（b）弯通与直线段连接；（c）弯通另一侧跨接接地线

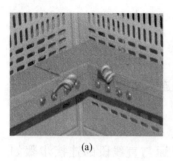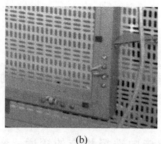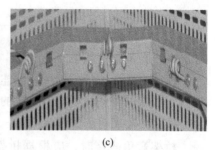

(a)　　　　　　　　　　(b)　　　　　　　　　　(c)

图 5-48　不同桥架弯通的连接效果

（a）平面直角转弯；（b）立面直角转弯；（c）用两个 135°弯通作立面 90°转弯

C　桥架段接地线

扫一扫查看
视频 5-4

桥架连接处须跨接接地线，接地线应留有一定伸缩余量。桥架段之间的接地线使用单股硬线制作线鼻子的方式如图 5-49（a）所示，使用"O"形冷压端子压接多股软线的方式如图 5-49（b）所示，接地线连接线的颜色、线径应选用正确。

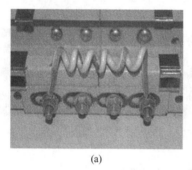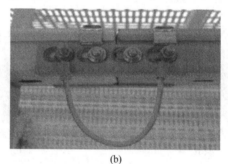

(a)　　　　　　　　　　　　　　　(b)

图 5-49　桥架连接处跨接接地线

（a）单股硬线制作线鼻子连接方式；（b）"O"形冷压端子压接多股软线连接方式

（1）单股硬线接地线。制作单股硬线接地线，选用黄绿双色线在螺丝刀上紧密缠绕 4~5 圈，导线两端须做羊眼圈，其大小应与铜螺栓相匹配，制作单股硬线接地线步骤如图 5-50 所示。

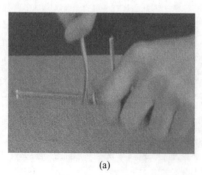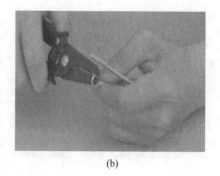

(a)　　　　　　　　　　　　　　　(b)

图 5-50　制作单股硬线接地线步骤

（a）缠绕地线；（b）制作羊眼圈

连接桥架接地线必须使用铜质的螺栓、螺母和垫片。羊眼圈的弯折方向应与螺母旋紧方向一致，如图 5-51（a）所示。安装时，使用两个铜垫片夹住羊眼圈，即在螺栓上先放入铜垫片，再放入羊眼圈和铜垫片，最后使用螺母进行紧固，如图 5-51（b）所示。单股硬线接地线的接线效果如图 5-51（c）所示。

 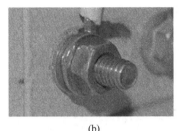 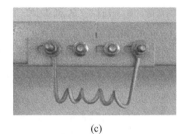

（a） （b） （c）

图 5-51 桥架跨接单股硬线接地线的接线要求

（a）羊眼圈的弯折方向；（b）两个铜垫片夹住羊眼圈；（c）完成后的效果

（2）多股软线接地线。制作多股软线接地线，须留有伸缩余量，接地线用黄绿双色软线制作，两端压接"O"形冷压端子，制作桥架接地线步骤如图 5-52 所示。

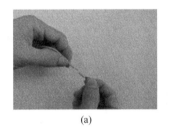  

（a） （b） （c）

图 5-52 制作多股软线接地线步骤

（a）套入"O"形端子；（b）压制"O"形端子；（c）软线接地线

连接桥架接地线必须使用铜质的螺栓、螺母和垫片。连接接地线时，在螺栓上先放入铜垫片，再放"O"形端子，如图 5-53（a）所示，然后放入垫片，最后使用螺母进行紧固，如图 5-53（b）所示。多股软线接地线的接线效果如图 5-53（c）所示。

  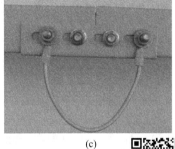

（a） （b） （c）

图 5-53 桥架跨接多股软线接地线的接线要求

（a）放入压好的"O"形端子；（b）两个铜垫片夹"O"形端子；（c）完成后的效果

扫一扫查看

视频 5-5

D　固定桥架

在工作台上先做组装连接件和吊架套件等准备工作，若桥架段较长或较大，须逐段安装上墙；若桥架段较短，可以考虑将不超过 3 段的桥架段先组装好再安装上墙。安装桥架时，应先将吊架或托架安装到墙面，再将桥架安装上墙。桥架转弯处两端须有支撑固定，吊架、三角托架安装牢固，具体操作如图 5-54 所示。

桥架固定要求如下。

（1）每段桥架上应至少有 2 处支撑固定。桥架转弯处两端均有支撑固定，桥架直线段相邻两个支撑点之间的距离不大于 500mm。

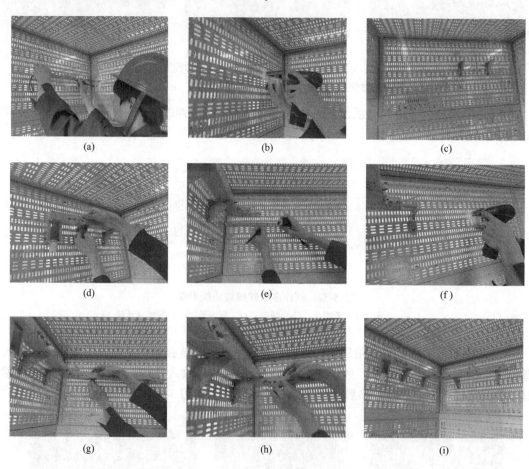

图 5-54　安装桥架操作步骤

（a）标注三角托架固定位置；（b）固定三角托架；（c）固定三角托架效果；（d）固定第一段桥架；（e）画第二段桥架三角托架固定位置；（f）固定第二段桥架的三角托架；（g）固定第二段桥架；（h）连接两段桥架；（i）完成效果

（2）户内支、吊短跨距一般采取 1.5～3.0m，户外立柱中跨距一般采取 6m。

（3）非直线段的支、吊架配置遵循以下原则：当桥架宽度小于 300mm 时，应在距非直线段与直线结合处 300～500mm 的直线段侧设置一个支、吊架。当桥架宽度大于 300mm 时，除符合上述条件外，在非直线段中部还应

扫一扫查看

视频 5-6

增设一个支、吊架。

E 安装桥架盖板

完成桥架的安装和导线的敷设后，须进行桥架盖板的安装。盖板的安装要先把四个板扣对称卡入桥架，如图 5-55（a）所示；最后把盖板嵌入板扣中，如图 5-55（b）所示；也可以使用 7 字扣锁安装盖板，效果如图 5-55（c）所示。

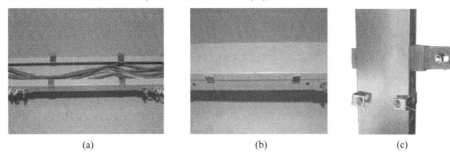

（a） （b） （c）

图 5-55 安装桥架盖板

（a）安装板扣；（b）使用板扣安装盖板效果；（c）使用 7 字扣锁安装盖板效果

F 桥架与控制箱的连接

桥架一般通过波纹管、PVC 线管或金属软管与配电箱进行连接，将电缆（导线）引出后，通过波纹管接入配电箱，如图 5-56 所示。

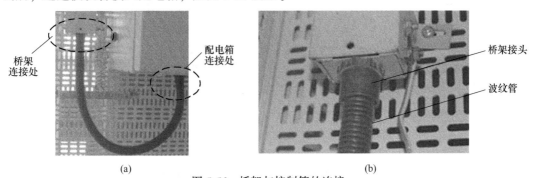

（a） （b）

图 5-56 桥架与控制箱的连接

（a）桥架和配电箱连接管；（b）波纹管与桥架连接接头

5.1.4.5 桥架的接地处理

金属电缆桥架及其支架引入或引出的金属电缆导管必须接地（PE）或接零（PEN）可靠，且必须符合下列规范：

（1）完成安装的金属桥架干线接地（PE）或接零（PEN）应不少于 2 处；

（2）非镀锌电缆桥架间连接的两端跨接铜芯接地线，接地线允许截面积不小于 4mm²；

（3）镀锌电缆桥架间连接板的两端可不跨接接地线，但连接板两端不少于两个有防松螺母或防松垫圈的连接固定螺栓；

（4）接地孔应消除涂层，与涂层接触的螺栓有一侧的平垫应使用带爪的专用接地垫圈。

5.2　施工过程

5.2.1　现场施工前的准备

　　动力线路施工前须认真阅读《施工单》或明确用户需求，结合施工图纸，到现场作实地勘查施工场地的地理位置、面积和空间大小等，预算并准备器件和材料，准备电工工具，清理施工现场杂物。进行现场施工前，务必断开电源总开关，并在总开关处挂放"禁止合闸"的安全标志。施工人员必须穿好工作服和绝缘鞋，佩戴好安全帽。

5.2.2　安装电源配电箱

　　（1）将电源配电箱中的配电盘取出，根据施工图纸选择器件并进行安装，如图 5-57 所示。

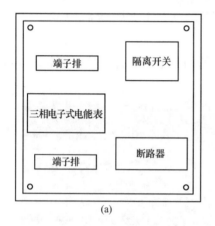

图 5-57　器件安装

（a）电源配电箱布局图；（b）器件安装效果图

　　（2）进行盘内的接线，如图 5-58 所示。

　　（3）将完成接线的配电盘装入电源配电箱内并固定，连接电源指示灯、接地线等，如图 5-59 所示。

　　（4）把已完成配线的配电箱安装在墙上，如图 5-60 所示。

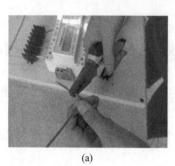
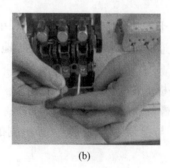
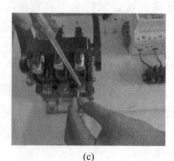

（a）　　　　　　　　　　　（b）　　　　　　　　　　　（c）

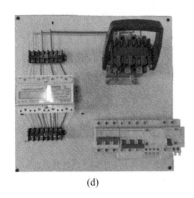 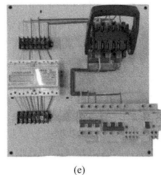 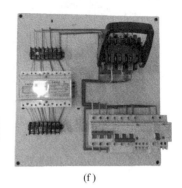

(d)　　　　　　　　　　　(e)　　　　　　　　　　　(f)

图 5-58　盘内接线步骤及完成后的效果

（a）用工具弯出导线；（b）测量走线长度；（c）固定导线；（d）局部完成效果图 1；（e）局部完成效果图 2；（f）完成后的效果图

图 5-59　剩余部分的配线　　　　　　　　图 5-60　配电箱安装

5.2.3　安装桥架

（1）准备工作。为了提高安装效率，可以把整段桥架分成四大段进行拼接后，再安装到墙上。四大段桥架拼接如图 5-61 所示。第一段桥架所需的桥架品类和桥架附件如图 5-62（a）所示，第二段桥架所需的桥架品类和桥架附件如图 5-62（b）所示，第三段桥架直接使用 100cm 或两条 50cm 的桥架，第四段桥架所需的桥架品类和桥架附件如图 5-62（c）所示，根据要求做好拼接前的准备工作。

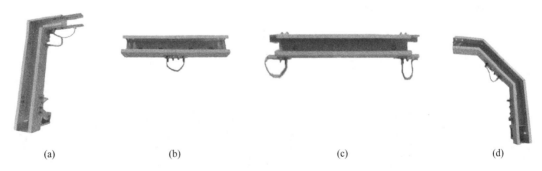

(a)　　　　　　　(b)　　　　　　　　　(c)　　　　　　　　(d)

图 5-61　四大段桥架

（a）第一段桥架；（b）第二段桥架；（c）第三段桥架；（d）第四段桥架

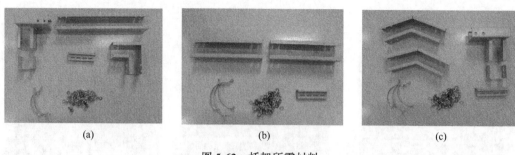

图 5-62　桥架所需材料

（a）第一段桥架所需材料；（b）第二段桥架所需材料；（c）第四段桥架所需材料

（2）桥架段和托架的拼接。根据施工图纸要求，组装所需桥架的支撑配件和桥架段，如图 5-63 所示。

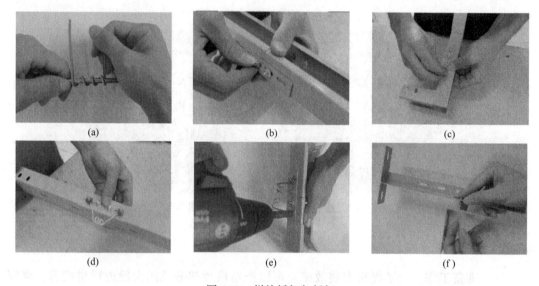

图 5-63　拼接桥架与托架

（a）制作桥架的接地线；（b）桥架的直线连接；（c）桥架的弯角连接；（d）跨接接地线；
（e）固紧桥架螺栓；（f）组装托架

（3）固定桥架。根据施工图纸，选择桥架的支撑配件进行组装并安装，再将拼接好的桥架段固定到指定位置，如图 5-64 所示。

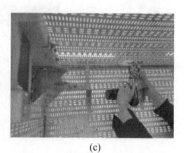

（a）　　　　　　　　　　（b）　　　　　　　　　　（c）

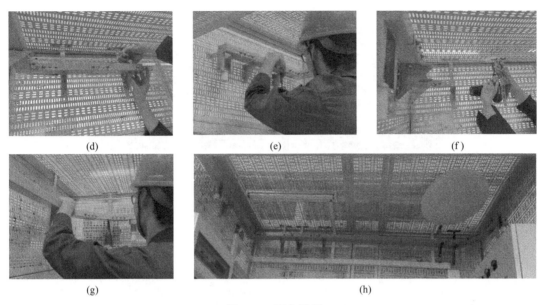

图 5-64　固定桥架

（a）安装第一段桥架三角托架；（b）固定第一段桥架；（c）安装组合托架；（d）安装第二段桥架；
（e）固定第二段桥架；（f）固定第三段桥架；（g）固定第四段桥架；（h）完成后效果

5.2.4　桥架与控制箱的连接

桥架通过波纹管将照明配电箱和电源配电箱进行连接，如图 5-65 所示。

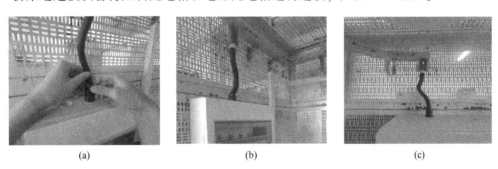

图 5-65　桥架与控制箱的连接

（a）安装接头和波纹管；（b）桥架与照明配电箱连接效果；（c）桥架与电源配电箱连接效果

5.2.5　敷设桥架导线

根据施工图纸，正确选择导线，按规范进行放线和布线。注意：桥架内导线应顺直，
不能有接头、不能打结，如图 5-66 所示。

5.2.6　盖桥架盖板

导线敷设完成后，按规范放置桥架板扣，盖桥架盖板，注意桥架盖板不能压导线。桥
架加盖盖板后的效果如图 5-67 所示。

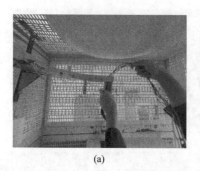

(a)　　　　　　　　　　　　　　(b)

图 5-66　敷设桥架导线

（a）放入导线；（b）整理桥架导线

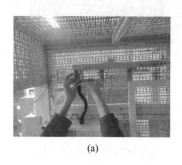
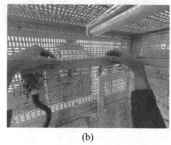
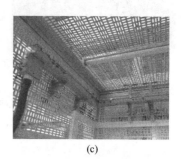

(a)　　　　　　　　　(b)　　　　　　　　　(c)

图 5-67　盖桥架盖板

（a）放置桥架板扣；（b）盖桥架盖板；（c）加盖盖板后的效果

完成配电箱进出线和地线的连接，如图 5-68 所示。

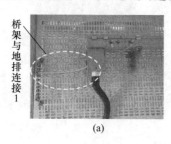
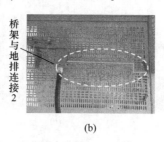
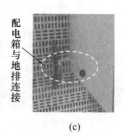

(a)　　　　　　　　　(b)　　　　　　　　　(c)

图 5-68　地线连接

（a）桥架与地排连接 1；（b）桥架与地排连接 2；（c）配电箱与地排连接

桥架完成安装的效果如图 5-69 所示。

5.2.7　通电前的检查

完成安装动力线路后，需用万用表检查线路的接线，初步判断线路接线的正确性，并确保无短路现象。除此之外，还需使用绝缘电阻表检测绝缘电阻，方法如下：

测试前务必断开被测线路前后的开关，如果电源配电箱输出侧有经过漏电开关的，要把漏电开关输出端的接线全部拆开，否则会损坏漏电保护开关；测试时，绝缘电阻表的 L

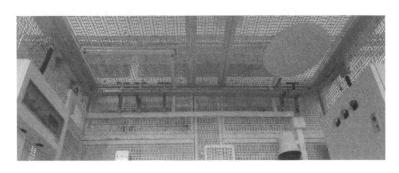

图 5-69　桥架完成安装的效果图

端接总开关导线进线，绝缘电阻表的 E 端接配电箱体外壳，绝缘电阻表接线如图 5-70 所示。电源配电箱到照明配电箱的主线路的绝缘电阻应大于 2MΩ。

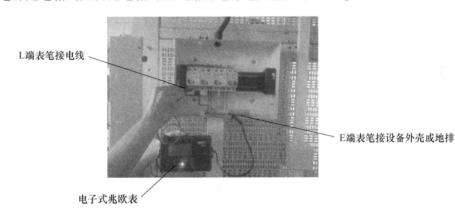

L端表笔接电线

E端表笔接设备外壳或地排

电子式兆欧表

图 5-70　使用绝缘电阻表检测绝缘电阻

5.2.8　通电试验

用万用表检测动力负荷输出端的相电压为 220V，线电压为 380V，照明负荷输出端电压为 220V。

5.3　工作页

5.3.1　学习活动 1　明确任务和勘查现场

引导问题 1：阅读工作情境描述及施工单，简述工作任务是什么？

_____。

引导问题 2：由施工图纸可知，从设备外引入电源到电源配电箱后，再从电源配电箱引出两路电源，一路供_____，另一路供_____；本项目的电源配电箱内装有_____、_____、_____、_____和指示灯。

引导问题 3：结合施工图纸勘查现场，本项目的电源配电箱安装在模拟房间的_____墙，它与照明配电箱之间的导线通过_____敷设导线，桥架安装在离墙面_____ mm、离房顶_____ mm 的位置，桥架在墙角的转弯分别使用_____ °和_____ °弯，施工现场_____（具备/不具备）施工条件。

引导问题 4：小组讨论制订工作计划，填入表 5-1 中。

表 5-1　施工步骤、小组分工及预计时间

序号	施工步骤	小组分工	预计时间
1			
2			
3			
4			
5			
6			

5.3.2　学习活动 2　施工前的准备

引导问题：根据现场勘查结果，列出完成本项目桥架敷设所需的桥架品类和桥架附件及数量，填入表 5-2 中。

表 5-2　施工所用桥架品类与桥架附件

序号	桥架品类、桥架附件	数量	序号	桥架品类、桥架附件	数量
1			9		
2			10		
3			11		
4			12		
5			13		
6			14		
7			15		
8			16		

5.3.3　学习活动 3　现场施工

引导问题 1：根据施工图纸，绘制电源配电箱的内部接线示意图如图 5-71 所示。

引导问题 2：电源配电箱内接线时应注意：

（1）电源线的线色按相序依次用_____，保护接地线用_____颜色导线，工作零线用_____。

（2）导线与盘面电器连接时，将整理好的导线与器件的端子连接，同一端子上连接导线不应超过_____根。

（3）工作零线和保护接地线应在汇流排上采用_____连接，不能

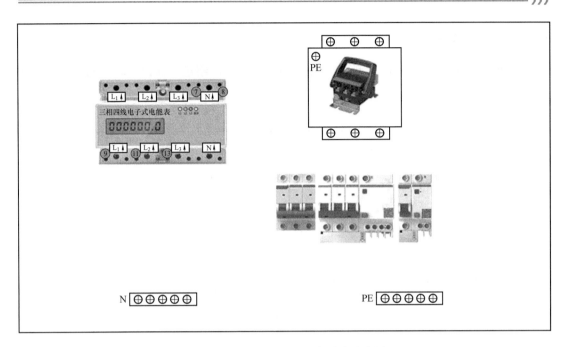

图 5-71　电源配电箱的内部接线示意图

_____铰接。

（4）电源与负荷导线引入盘面时应适当留有余量，且需整理整齐，盘上的配线应沿箱体的周边把成束，中间不能有_____，多回路间的导线不能有交叉错乱现象。

引导问题 3：桥架之间能够使用桥架_____连接，螺母应置于桥架的_____（外侧/内侧），以避免_____。

引导问题 4：桥架连接处需跨接_____，接地线应留有一定伸缩余量。单股硬线接地线的两个接线端需做成羊眼圈，羊眼圈的弯折方向应与螺母旋紧方向_____（相同/相反）。

引导问题 5：桥架吊装时，要求每段桥架上至少应有_____处支、吊架对其进行固定。

引导问题 6：按施工步骤施工并写出施工的注意事项，列入表 5-3 中。

表 5-3　施工的注意事项

序号	施工的注意事项
1	
2	
3	
4	
5	
6	
7	
8	

5.3.4 学习活动 4 项目验收与评价

根据评分标准对本项目进行验收。学生进行自评，小组进行互评，教师和企业专家评审、验收，评分标准见表 5-4。

表 5-4 评分标准

考核项目	评分点	配分	评分标准	自评 (30%)	互评 (30%)	教师/专家评 (40%)
电源配电箱安装与工艺 (25 分)	电源配电箱安装位置	3	电源配电箱的安装位置或垂直度误差大于 5mm，扣 3 分			
	箱内配线	3	相线、零线、接地线、指示灯接线不按图纸线径要求配线和分色，扣 1 分/处			
	箱内电器接线	3	箱内电器不按图纸要求接线，每错接或漏接，扣 1 分/处			
	引入与引出线	3	(1) 引入线（含外接插头与地线）接错，扣 2 分/处；未作固定，扣 1 分/处； (2) 引入线的零线（或接地线）进箱或未直接接零线排（或接地线排），扣 1 分/处； (3) 引入线或引出线接线不留余量，每路扣 1 分；余量不合理，扣 0.5 分/处			
	指示灯接线	3	(1) 指示灯未按图纸要求接线，扣 1 分/处； (2) 指示灯线未套管（或捆扎），扣 1 分/处； (3) 指示灯线余量不足或过长，扣 1 分/处； (4) 指示灯接线有"羊尾巴"现象，扣 1 分/处			
	箱内布线	4	(1) 箱内导线没集中归边走线，扣 1 分/处； (2) 线路凌乱，未能做到横平竖直，扣 1 分/处			
	接线端	3	(1) 线路所有接线端连接应规范可靠，无松动、无绝缘损伤、无压绝缘、导线露铜应小于 1mm，否则扣 1 分/处； (2) 每个接线端接线超过 2 根，扣 1 分/处； (3) 端子压接不牢，扣 0.5 分/处； (4) 端子未编码，或编码与图纸不符，扣 0.1 分/处			
	每个需要接地点的接地线	3	(1) 所有需要接地的器件，缺少地线或接错地线或地线未通过接地排，扣 2 分/处； (2) 接地线端子不符合规范或连接不牢固，扣 1 分/处			

考核项目	评分点	配分	评分标准	自评(30%)	互评(30%)	教师/专家评(40%)
金属桥架敷设工艺(25分)	金属桥架布线	5	(1) 不按图纸要求的位置布线，扣4分； (2) 桥架歪斜或松动，扣2分/处； (3) 安装位置与图纸尺寸相差±5mm，扣1分/处； (4) 桥架未上盖板，或布线的末端未作封堵者，扣1分/处			
	金属桥架固定	5	(1) 转弯连接件两端缺少支撑件固定的，扣1分/处； (2) 直线段两端缺少支撑件固定的，扣1分/处； (3) 桥架固定支撑件选用不正确，扣1分/处			
	金属桥架线路工艺	5	(1) 桥架转弯未使用图纸要求的连接件连接，或连接件选用不正确，扣1分/处； (2) 紧固连接件的螺栓固定不符合要求，扣0.5分/处			
	桥架进盒(箱)引线工艺	5	(1) 桥架入箱过渡线未按图纸要求用线管连接件引出，或不穿塑料波纹管者，扣2分/处； (2) 桥架入箱过渡线未按图纸要求用连接件进箱，扣2分/处，虽有连接件，但线管没套紧，扣1分/处； (3) 桥架入箱过渡线长度不合理造成线路松动者，扣1分/处			
	桥架接地	5	(1) 桥架连接处未作接地线跨接，扣1分/处； (2) 桥架接地线不用铜螺栓压接，扣0.5分/处； (3) 桥架未与接地干线相接，扣2分/处			
功能(30分)	通电检测	30	(1) 输出电压不正常，扣10分/路； (2) 通电后箱内电路若发生跳闸、漏电等现象，视事故的轻重，扣20~30分			

考核项目	评分点	配分	评分标准	自评(30%)	互评(30%)	教师/专家评(40%)
职业与安全意识 (20分)	安全施工	12	（1）不穿工作服、绝缘鞋，扣2分/次； （2）室内施工过程不戴安全帽，扣2分/次； （3）登高作业时，不按安全要求使用人字梯，扣2分/次； （4）不按安全要求使用电动工具，扣2分/次； （5）不按安全要求使用工具作业，扣2分/次； （6）不按安全要求进行带电或停电检修（调试），扣4分/次			
	文明施工	8	（1）施工过程工具与器材摆放凌乱，扣1分/次； （2）工程完成后不清理现场，施工中产生的弃物不按规定处置，各扣2分/次			

说明：施工过程中违反安全操作规程，发生操作者受伤、设备损坏、短路、触电等现象者，视情节严重情况扣10～30分

小 计						
合 计 总 分						

工匠案例

创世界海工记录——杨德将

2017 年 5 月 18 日，我国首次在南海神狐海域试采天然气水合物（也叫可燃冰）成功，成为全球领先掌握可燃冰试采技术的国家。承担此次国家重大战略任务的大国重器——"蓝鲸1号"由中集集团旗下山东烟台中集来福士海洋工程有限公司（简称"中集来福士"）建造，杨德将负责整个平台精度要求最高的高压氮气系统，经过反复试验，节流压井系统试验压力达到30000psi，创造世界海工行业最高压力记录。

1999 年，杨德将技校毕业后来到中集来福士的管加工车间实习，成了管路安装班的一名学徒。他从管子划线、下料、破口等最基础的工作做起，他有着一股子不服输和爱钻研的闯劲，2008 年，他被任命为管路安装班班长。2009 年，中集来福士在建设一个项目时，遇到钻井系统的超高压泥浆道路建造困难问题，管道设计压力值达15000psi，当时的中集来福士并没有突破此项设计的技术，在杨德将的努力下，顺利完成项目交付，为公司实现超高压管路建造技术突破。杨德将参加工作二十多年来，他参与了40多个海工项目的管路改造工作，现场解决疑难杂症百余项，带领班组成员完成了100多次技术革新，攻

克许多由国际厂商垄断的钻井系统技术瓶颈，完成了 30 多项专利。荣获全国劳动模范和全国五一劳动奖章等多项荣誉称号。

杨德将从一名普通的管路安装工成长为令人敬佩的大国工匠，他默默坚守、孜孜以求，在平凡岗位上追求技能的完美，铸就卓越。

课 后 练 习

5-1 填空题

（1）电能表接线时，单相电能表的电流线圈必须与_____连接，三相电能表的电压线圈不能装_____。

（2）单相机械式电能表共有 4 个接线端，1、3 端子接电源_____，2、4 端子接_____。

（3）三相三线机械式电能表共有 8 个接线端，三相电源的 L_1、L_2、L_3 分别接到电能表_____号端子上，短接_____、_____、_____号端子，_____号端子作为输出端接负载。

（4）配电箱主要由_____、_____、_____和地线接线排等组成。

（5）多股铜导线与电气端子连接，应_____端子后再连接，严禁_____接线圈连接。

（6）电缆桥架的形式是多种多样的，电缆桥架由_____、梯架的_____、_____附件及_____等构成，是用于支撑电缆的连续性的刚性结构系统的总称。

（7）桥架的固定方式分为_____、_____、_____和水平横担吊装等。

5-2 简答题

某单位的漏电保护断路器经常出现偶然性的跳闸，支路保护开关均无跳闸。初步检查线路后均无短路现象，跳闸后直接送闸也可重新送电，试分析导致该故障现象的原因。

项目6 住宅的照明线路设计

项目学习目标

·知识目标

（1）掌握住宅照明线路设计的思路与方法。

（2）了解住宅灯具的选用原则，掌握漏电保护断路器、空气断路器、插座、导线等器件和材料的选用规则。

·能力目标

（1）能够根据用户需求合理选用住宅照明线路的漏电保护断路器、空气断路器、插座、导线等器件和材料；能够设计并绘制住宅照明线路的配电系统图、照明平面图和插座平面图等施工图纸。

（2）能够运用本项目所学知识和技能解决生活中的实际问题。

·素质目标

（1）具有辩证思维和逻辑分析的能力，具有科学、严谨、务实的工作作风。

（2）形成用户至上的服务意识。

·思政目标

（1）弘扬爱岗敬业、精益求精、执着专注、一丝不苟、追求卓越、勇于创新的工匠精神。

（2）具有遵纪守法、诚实守信、规范操作、节约环保，团结协作、吃苦耐劳、勇于创新的职业素养。

工作情境描述

装修公司接到某小区用户的订单，要求给该用户新购买的一套两房一厅毛坯房进行照明线路设计，现在派你作为设计工程师完成此项任务。两房一厅装修效果如图6-1所示。

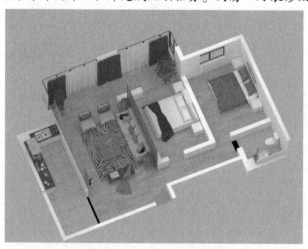

图6-1 两房一厅装修效果图

6.1 知识储备

住宅照明线路的设计包括配电线路的计算、器件的选用和线路设计等环节。器件选用及线路的分配均取决于家用电器的用电量，因此科学地计量家用电器的用电量十分重要。根据计算出的家用电器用电量，对线路进行合理的分配，合理地选择保护开关和导线，并根据现行国家标准《建筑照明设计标准》和《民用建筑电气设计规范》，结合用户需求对器件的选用及线路进行合理的设计，并设计出配电系统图、照明布线平面图和插座布线平面图等图纸供施工人员使用。

6.1.1 住宅的线路分配

住宅的照明线路设计时，首先要对线路进行合理分配。住宅线路分配应符合以下要求。

（1）照明回路应与插座回路分开，避免各分支回路出现故障时相互影响，且便于故障分析和检修。

（2）照明回路电流不宜超过 16A，光源数量不宜超过 25 个。

（3）单独设计的插座回路，每一回路插座数量不宜超过 10 个（组）。

（4）对于空调、电热水器等功率较大的家用电器，应设计单独回路；导线截面积应根据用电器功率决定，一般使用截面积为 2.5mm² 或 4mm² 的塑料绝缘铜芯导线。

6.1.2 住宅用电负荷电流和最大电流的计算

通过计算住宅总负荷电流和各分支回路的负荷电流，为电能表、漏电保护断路器、空气断路器等器件提供选型依据。通过计算住宅最大电流和各分支回路的最大电流，为进户线和各分支回路导线截面积提供选型依据。另外，也可以通过计算的总负荷电流和最大电流，验算已安装的电能表、漏电保护断路器、空气断路器等型号和导线截面积的选择是否符合要求。

6.1.2.1 不同性质负载的负荷电流计算

住宅照明线路的负载一般可分为纯电阻负载和感性负载两类。

（1）纯电阻负载。例如，白炽灯、电加热器等用电器，其负荷电流的计算公式为：

$$I_{阻} = \frac{P}{U} \tag{6-1}$$

式中　$I_{阻}$——纯电阻负载负荷电流，A；

　　　P——负载负荷功率，W；

　　　U——负载额定电压，V。

（2）感性负载。例如，带电感镇流器的荧光灯、电视机、洗衣机、电冰箱、电风扇、空调、排气扇、抽油烟机、音响设备和吸尘器等家用电器，其负荷电流的计算公式为：

$$I_{感} = \frac{P}{U\cos\varphi} \tag{6-2}$$

式中　$I_{感}$——感性负载负荷电流，A；

　　　P——负载负荷功率，W；

　　　U——负载额定电压，V；

$\cos\varphi$——功率因数，一般取 0.5~0.8。

需要说明的是，公式中的 P 是指整个用电器的负荷功率，不是其中某一部分的负荷功率。例如，荧光灯的负荷功率，等于灯的额定功率与镇流器消耗功率之和。

6.1.2.2　住宅总负荷电流的计算

住宅用电总负荷电流不是所有用电设备的电流之和，而应该考虑这些用电设备的同期使用率，又称为同期系数。住宅总负荷电流可按以下三种方法计算。

（1）方法一：

$$I = K_c(I_{\Sigma阻} + I_{\Sigma感} + I')\tag{6-3}$$

式中　I——住宅总负荷电流，A；

　　　K_c——同期系数，一般取 0.4~0.6；

　　　$I_{\Sigma阻}$——住宅所有纯电阻负载的负荷电流，A；

　　　$I_{\Sigma感}$——住宅所有感性负载的负荷电流，A；

　　　I'——住宅今后可能增加负载的负荷电流，A。

（2）方法二：

$$I = \frac{K_c P_{\Sigma}}{U\cos\varphi}\tag{6-4}$$

式中　I——住宅总负荷电流，A；

　　　K_c——同期系数，一般取 0.4~0.6；

　　　P_{Σ}——现有和今后可能增加的负载额定功率总和，W；

　　　U——负载的额定电压，V；

　　　$\cos\varphi$——平均功率因数，可取 0.8~0.9。

（3）方法三：

$$I = \Sigma I_m + K_c I' + I''\tag{6-5}$$

式中　I——住宅总负荷电流，A；

　　　ΣI_m——可能同时投入使用的用电量最大的几台家用电器的额定电流（用电量最大的家用电器通常指空调器、电热水器、厨房电热炊具、取暖器等，小户住宅可取 2 台，大户住宅取 3~5 台），A；

　　　K_c——同期使用系数，一般取 0.2~0.4（家用电器越多、住宅面积越大、人口越少，此值越小；反之，此值越大）；

　　　I'——除了所有用电量最大的家用电器外，其余家用电器的额定电流之和，A；

　　　I''——考虑住宅今后新增的并可能同时使用的家用电器额定电流，A。

值得注意的是，计算住宅用电负荷时必须考虑日后可能有新增用电器的情况，留有足够的余量。

6.1.2.3　住宅最大电流的计算

住宅线路的最大电流计算公式：

$$I_{\max} = K \times I\tag{6-6}$$

式中　$I_{\max}$——住宅线路的最大电流，A；

I——住宅总负荷电流，A；

K——过电压的安全系数，一般取 $1.2\sim1.3$。

6.1.3 住宅线路导线的选用

住宅照明线路通常选用聚氯乙烯绝缘铜芯线，即塑料绝缘铜芯线。不同环境温度、不同敷设方式，导线的安全载流量是不同的，塑料绝缘导线安全载流量见表 6-1，表中所列的安全载流量是根据线芯最高允许温度 $65℃$，周围空气温度为 $35℃$ 而定的。当实际空气温度超过 $35℃$ 的地区（指当地最热月份的平均最高温度）导线的安全载流量应乘以表 6-2中所列的校正系数。

选择导线截面积时，应根据最大电流不大于相应敷设方式、相应环境温度的安全载流量的原则选择导线的截面积。

表 6-1　塑料绝缘导线安全载流量　　　　　　　（A）

导线截面积 /mm²	线芯股数/单股直径 /mm	明敷安装		穿钢管安装						穿塑料管安装					
				二根		三根		四根		二根		三根		四根	
		铜	铝	铜	铝	铜	铝	铜	铝	铜	铝	铜	铝	铜	铝
1	1/1.13	17		12		11		10		10		10		9	
1.5	1/1.17	21	16	17	13	15	11	14	10	14	11	13	10	11	9
2.5	1/1.76	28	22	23	17	21	16	19	13	21	16	18	14	17	12
4	1/2.24	35	28	30	23	27	21	24	19	27	21	24	19	22	17
6	1/2.73	48	37	41	30	36	28	32	24	36	27	31	23	28	22
10	7/1.33	65	51	56	42	49	38	43	33	49	36	42	33	38	29
16	7/1.70	91	69	71	55	64	49	59	43	62	48	56	42	49	38
25	7/2.12	120	91	93	70	82	61	74	57	82	63	74	56	65	50
30	7/2.50	147	113	115	87	100	78	91	70	104	78	91	69	81	61
50	19/1.83	187	143	143	108	127	96	113	87	130	99	114	88	102	78
70	19/2.14	230	178	178	135	159	124	143	110	160	126	145	113	128	100
95	19/2.5	282	216	216	165	195	148	173	132	199	151	178	137	160	121

表 6-2　绝缘导线安全载流量的温度校正系数

环境最高平均温度/℃	35	40	45	50	55
校正系数	1.0	0.91	0.82	0.71	0.58

6.1.4 典型住宅配电线路的分析

6.1.4.1 典型两房一厅住宅配电线路分析

典型两房一厅住宅配电线路如图 6-2 所示，该住宅的用电负荷约为 4.5kW。该配电线路共设 5 个回路，其中，照明回路 1 个、插座回路 2 个和空调回路 2 个，这种设计有利于安全用电，也便于故障检修。如果某一回路发生电气故障，该回路空气断路器跳闸，即可判断是哪个回路出现故障，不会影响到其他回路的正常用电。该线路使用空气断路器和漏电保护断路器作为总开关，其额定电流均为 32A，照明回路空气断路器的额定电流为 10A，插座回路和空调回路空气断路器的额定电流均为 16A。

电源进线采用 3 根 $10mm^2$ 塑料铜芯线，各支路使用 $2.5mm^2$ 塑料铜芯线，为今后增大负荷留有一定的余量。

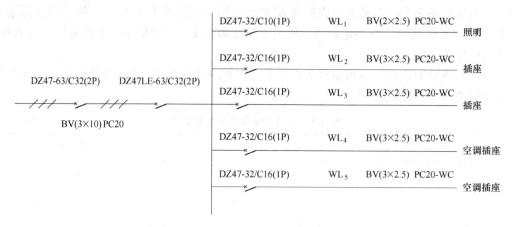

图 6-2 典型两房一厅住宅配电线路图

6.1.4.2 典型三房一厅住宅配电线路分析

典型三房一厅住宅配电线路如图 6-3 所示，该住宅的用电负荷约为 4.5kW。该配电线路同时使用双极空气断路器和双极型漏电保护断路器作为总开关，共设 6 个回路，把大功率的电热水器单独设为一路，各回路均采用单极空气断路器，照明吊扇回路的额定电流为 10A，其他回路均为 16A。

该线路选用 DDS666 型 10（40）A 电子式电能表对住宅的用电量进行计量，引入住宅配电箱的导线采用截面积为 $10mm^2$ 塑料铜芯线，通过直径为 20mm 的 PVC 线管敷设；照明、吊扇回路使用 $1.5mm^2$ 塑料铜芯线，均使用直径为 20mm 的 PVC 线管暗敷设在墙内；其他回路均使用 $2.5mm^2$ 塑料铜芯线通过直径为 20mm 的 PVC 线管暗敷设在墙内。该电路优点与图 6-2 优点相同。

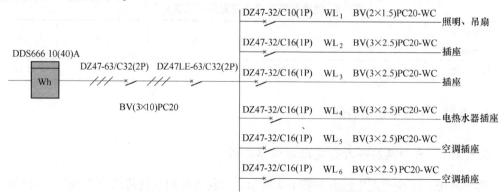

图 6-3 典型三房一厅住宅配电线路图

6.1.4.3 典型的三房两厅住宅配电线路分析

典型三房两厅住宅配电线路如图 6-4 所示,该住宅的用电负荷约为 6.5kW。该住宅配电线的总电源开关为额定电流 63A 的双极空气断路器。该配电线路共有 9 个回路,其中照明分为两路,其优点是如果有一路照明发生故障,另一路照明仍能正常使用,从而保证供电和便于故障处理。照明回路均采用额定电流为 10A 的双极空气断路器,空调插座回路均采用额定电流 16A 的双极空气断路器,其他插座回路均采用额定电流 32A 的漏电保护断路器。该配电线路把漏电保护断路器设在分支回路上,电源总回路上不设漏电保护断路器,这样做基于以下两点考虑:

(1) 可以防止某分支回路漏电引起总电源的漏电保护断路器跳闸,而导致整座住宅断电。

(2) 住宅面积越大,供电回路越多,各回路漏电电流之和也越大,容易超过 30mA。如果将漏电保护器设在电源总回路上作为总开关,有时要将其安全动作电流调整到 30mA是不可能的。虽然调大漏电保护器的动作电流可以避免其"误动作",但这样做不安全。如果将漏电保护断路器设在分支回路上,就不存在此问题。

引入住宅配电箱的导线均采用截面积为 16mm² 塑料铜芯线,通过直径为 25mm 的 PVC线管敷设,所有分支线均采用截面积为 2.5mm² 塑料铜芯线,均使用直径为 20mm 的 PVC线管暗埋,选用 DDS666 型 15(60) A 电子式电能表。

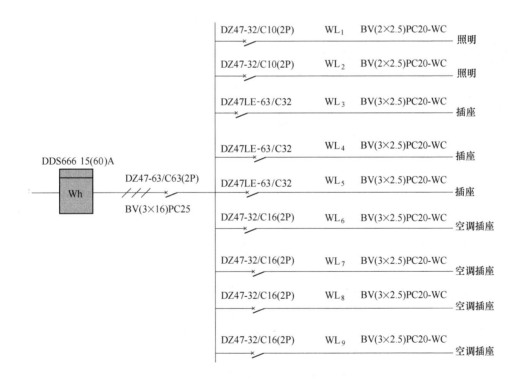

图 6-4 典型三房两厅住宅配电线路图

6.1.5　住宅灯具的选择

住宅照明灯具应根据安全、舒适、美观和实用的原则，结合住宅面积、高度、装修风格和家具色调等因素合理选择。

（1）客厅。客厅是家庭团聚、休息和会客的场所，客厅的照明应充分考虑光源的亮度、强度和颜色以及灯饰配件等，通常采用一般照明和局部照明相结合的方式。客厅的一般照明常选用吊灯或吸顶灯，安装在客厅空间的中央附近；客厅的局部照明可根据客厅功能要求采用地灯、壁灯、小型射灯或设置发光灯槽等建筑化装饰照明的手段，达到局部使用和点缀的效果。图 6-5（a）所示的客厅采用现代简约的装修风格，面积约为 20m²，选择了一盏两挡可调的 100W 白光 LED 光源的矩形吸顶灯作为一般照明，以达到节能和不同亮度的需求，矩形吸顶灯与方正的客厅格局相呼应，显得简约大方；在客厅两侧分别选用两组 7W 的暖白光 LED 射灯作局部照明，起增加客厅的层次感和突出墙上书画的作用。图 6-5（b）所示的客厅采用中式的装修风格，面积约为 18m²，选择了一盏黄光 LED 光源的 4 头复古吊灯作为一般照明，复古吊灯与客厅顶面和空间装饰以及家具匹配；在吊顶的四周安装了一圈暖白光灯带，背景墙选择了一组（4 盏）7W 白光的 LED 射灯，精美的背景墙在射灯照射和灯带的衬托下，成就了优雅、豪华、古典的中国风。

(a)　　　　　　　　　　　　　　　　　　(b)

图 6-5　客厅灯具的选择
(a) 现代简约式客厅；(b) 中式风格客厅

（2）餐厅。餐厅宜采用一般照明和餐桌上方照明相结合的形式，一般照明可采用吊灯、吸顶灯等灯具，餐桌上方的照明为增加餐桌上的亮度和照亮美味的菜肴。餐桌上方吊灯的安装高度一般离桌面 1200~1300mm，桌面照度应比周围环境照度高 3~5 倍。图 6-6（a）所示的餐厅采用现代简约的装修风格，面积约为 8m²，在餐桌上方选择两盏 12W 三基色荧光灯作光源的吊灯，安装于离地 2m 的高度，三基色荧光灯光源显色性好，起照亮菜肴增进食欲的作用；局部照明选用一组（4 盏）6W 的暖白光 LED 作光源的射灯，起突出装饰画的作用。图 6-6（b）所示的餐厅采用中式的装修风格，面积约为 10m²，在餐桌上方选择了一盏 28W 三基色荧光灯作光源的复古吸顶灯作为一般照明。

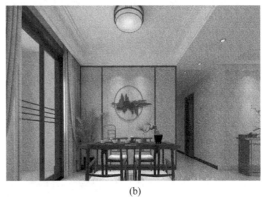

(a)   (b)

图 6-6　餐厅的灯具选择
（a）现代简约式餐厅；（b）中式风格餐厅

（3）卧室。卧室是休息或学习的场所，可采用一般照明和局部照明相结合的方式。灯光以柔和、暖色为主，以营造安静、温馨的灯光环境。卧室的一般照明可选择吸顶灯或新颖的吊灯，卧室的局部照明可设置壁灯、小型射灯等。图 6-7（a）所示的卧室采用现代简约的装修风格，面积约为 15m²，选择一盏 36W 的 LED 黄光作光源的创意吸顶灯作为一般照明；局部照明选用一组（3 盏）6W 的暖白光 LED 筒灯和两盏台灯作局部照明，营造出安静、舒适的灯光环境。图 6-7（b）所示的卧室采用中式装修风格，面积约为 15m²，选择一盏 36W 的黄光 LED 圆盘中式吸顶灯作一般照明；局部照明选用两盏台灯，圆盘灯的圆弧设计也能让小空间瞬间增添温馨感。

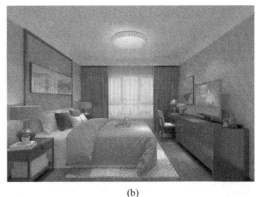

(a)   (b)

图 6-7　卧室的灯具选择
（a）现代简约式卧室；（b）中式风格的卧室

（4）书房。书房是人们工作、学习的场所，光线既要明亮又要柔和。书房照明通常选用光线柔和的吸顶灯，局部可选用台灯。图 6-8（a）所示的书房采用现代简约的装修风格，面积约为 12m²，选择了一盏 28W 白光 LED 的 4 头方形吸顶灯作为一般照明；选用一盏台灯作局部照明。图 6-8（b）所示的书房采用中式的装修风格，面积约为 15m²，选择了一盏白光 LED 光源的复古吊灯作为一般照明；在吊顶的四周安装了一圈暖白光灯带和 8 盏 6W 三基色荧光灯光源筒灯作辅助照明，给该书房营造出安静的学习氛围。

（a）　　　　　　　　　　　　　　　　　　　（b）

图 6-8　书房的灯具选择

（a）现代简约式书房；（b）中式风格书房

（5）厨房。厨房是家庭中劳务活动最多的地方，厨房的照明应选择合适的照度和显色性较高的光源，选择防水性好且容易清洁的灯具，灯具一般不设置在灶具正上方，以免油烟和水蒸气使灯具沾上油污，影响照度且难以清洁。图 6-9 所示的厨房面积约为 $12m^2$，选用一盏 $300mm×600mm$ 的嵌入式平板灯，该灯使用 24W 的白光 LED 光源以保证足够的亮度，嵌入式平板灯采用的亚克力灯罩光滑，达到易清洁的目的；局部照明使用抽油烟机自带的光源作照明。

（6）卫生间和浴室。因卫生间和浴室通常比较潮湿，应选用防水型灯具，灯具应避免安装在坐便器的后方和浴缸的上方，注意灯具的安置不要使人影投到窗帘上。为了美观，一般照明常采用在装饰板上安装小型吸顶灯或筒灯。洗脸盆上方可安装嵌入式平板灯或镜前灯。图 6-10 所示的卫生间面积约为 $10m^2$，选用两盏 8W 白光 LED 光源的防水型筒灯作为一般照明，镜前选择一盏嵌入式平板灯，镜子侧面选择一盏壁灯作为辅助照明。

图 6-9　厨房的灯具选择　　　　　图 6-10　卫生间和浴室的灯具选择

6.1.6　电工材料预算

照明电气安装材料包括导线、开关、插座、底盒、接线盒、灯座盒、配电箱、空气断路器、漏电保护断路器以及不同布线方式所需要的 PVC 线管、线槽、卡扣、胶粒、螺钉、绝缘胶带等。

预算材料可依据照明布线平面图和照明系统图等施工的说明进行计算。从照明布线平面图上可直接计算出灯具、开关、插座、接线盒、底盒、配电箱等器件的数量；从照明配电系统图上可知配电箱内的器件、电能表型号，以及干支线的导线截面积、型号等；根据线路敷设方式，各器件的安装位置和控制要求，结合自身施工经验进行导线长度的估算。

6.2 设计过程

根据图 6-1 所示两房一厅装修效果图，该套住宅楼层高 3.2m，总面积是 93.25m²，各部分面积如下：客厅 4m×5m＝20m²，厨房 2m×4m＝8m²，餐厅 2m×3m＝6m²，主卧 4m×5m＝20m²，书房 3.5m×5m＝17.5m²，卫生间 3m×2m＝6m²，阳台 7.5m×1.5m＝11.25m²，过道 4.5m×1m＝4.5m²。

6.2.1 列出用电设备清单

根据用户需求列出用电设备清单，为线路分配与选择电能表、空气断路器、导线等材料做准备。该套住宅用电设备清单见表 6-3。

表 6-3 两房一厅住宅用电设备清单

序号	用电器		额定功率	数 量	功率小计/W	备 注
1	客厅	照明	40W	1盏	40	吸顶灯（荧光灯光源）
2		电视	130W	1台	130	
3		音响	300W	1套	300	
4		空调	2匹	1台	1472	壁挂式
5	门厅	照明	18W	1盏	18	吸顶灯（荧光灯光源）
6	主卧	照明	40W	1盏	40	吸顶灯（荧光灯光源）
7		电视	100W	1台	100	
8		空调	1.5匹①	1台	1104	壁挂式
9	书房	照明	32W	1盏	32	吸顶灯（荧光灯光源）
10		空调	1匹	1台	736	壁挂式
11	厨房	照明	32W	1台	32	吸顶灯（荧光灯光源）
12		电饭煲	900W	1台	900	
13		抽油烟机	300W	1台	300	
14		微波炉	1000W	1台	1000	
15		电冰箱	200W	1台	200	
16	餐厅	照明	32W	1盏	32	吊灯（荧光灯光源）
17	卫生间	照明	28W	1盏	28	吸顶灯（荧光灯光源）

续表6-3

序号	用电器		额定功率	数 量	功率小计/W	备 注
18	阳台	洗衣机	500W	1台	500	
19		照明	32W	1盏	32	吸顶灯（荧光灯光源）
20	过道	照明	9W	2盏	18	筒灯（荧光灯光源）
21	预留		1500W		1500	笔记本电脑、电热水壶等
	功率合计				8514	

①1 匹 = 736W。

6.2.2 确定线路分配和布线方式

住宅照明线路通常由总开关控制多个分开关，由分开关控制各回路。本项目参照图6-2所示的典型两房一厅住宅配电线路，结合表6-3所列的用电设备清单，分配照明回路、客厅空调回路、房间空调回路、厨房插座回路和其余插座回路共5个回路，导线选用PVC线管暗敷方式。

6.2.3 计算负荷电流

6.2.3.1 用方法一计算本住宅总负荷电流

（1）照明回路。

$$P_{照明} = P_{客厅} + P_{门厅} + P_{主卧} + P_{书房} + P_{厨房} + P_{餐厅} + P_{卫生间} + P_{阳台} + P_{过道}$$
$$= (40 + 18 + 40 + 32 + 32 + 32 + 28 + 32 + 18)W = 272W$$

$$I_{照明} = \frac{P_{照明}}{U} = \frac{272}{220} = 1.2A$$

（2）客厅空调回路。

$$P_{空调1} = P_{客厅空调} = 1472W$$

$$I_{空调1} = \frac{P_{空调1}}{U\cos\varphi} = \frac{1472}{220 \times 0.8} = 8.4A$$

（3）房间空调回路。

$$P_{空调2} = P_{房间空调} + P_{书房空调} = (1104 + 736)W = 1840W$$

$$I_{空调2} = \frac{P_{空调2}}{U\cos\varphi} = \frac{1840}{220 \times 0.8} = 10.5A$$

（4）厨房插座回路。

1）纯电阻负载：$P_{厨房阻} = P_{电饭煲} + P_{微波炉} = (900+1000)W = 1900W$

$$I_{厨房阻} = \frac{P_{厨房阻}}{U} = \frac{1900}{220} = 8.6A$$

2）感性负载：$P_{厨房感} = P_{抽油烟机} + P_{电冰箱} = (300+200)W = 500W$

$$I_{厨房感} = \frac{P_{厨房感}}{U\cos\varphi} = \frac{500}{220 \times 0.8} = 2.8A$$

3）厨房插座总荷：$P_{厨房插座} = P_{厨房阻} + P_{厨房感} = (1900+500)W = 2400W$

$$I_{厨房插座} = I_{厨房阻} + I_{厨房感} = 8.6 + 2.8 = 11.4A$$

（5）其余插座回路。考虑用户可能在客厅、餐厅使用笔记本电脑、电热水壶等，在此回路预留 1500W 电器余量。

$$P_{其余插座} = P_{电视机1} + P_{电视机2} + P_{音响} + P_{洗衣机} + P_{余量}$$
$$= (130 + 100 + 300 + 500 + 1500)W = 2530W$$

$$I_{其余插座} = \frac{P_{其余插座}}{U\cos\varphi} = \frac{2530}{220 \times 0.8} = 14.3A$$

（6）本套住宅所有用电设备的电流之和。

$$I_{总} = I_{照明} + I_{空调1} + I_{空调2} + I_{厨房插座} + I_{其余插座}$$
$$= (1.2 + 8.4 + 10.5 + 11.4 + 14.3)A = 45.8A$$

根据式（6-4），同期系数 K_c 取 0.5，得出本套住宅总负荷电流：

$$I_{总负荷} = K_c \cdot I_{总} = 0.5 \times 45.8A = 22.9A$$

6.2.3.2 用方法二计算本住宅的总负荷电流

（1）本套住宅所有家用电器额定功率总和：$P_\Sigma = 8514W$。

（2）根据式（6-4），同期系数 K_c 取 0.5，平均功率因数 $\cos\varphi$ 取 0.85。

（3）本套住宅的负荷电流：$I_{总负荷} = \dfrac{K_c P_\Sigma}{U\cos\varphi} = \dfrac{0.5 \times 8514}{220 \times 0.85} = 22.8A$。

由此可见，使用方法一和方法二计算出的住宅总负荷电流相当。在实际工程设计时，可根据需要灵活选择上述方法进行计算。

6.2.4 选择器件及线材

6.2.4.1 选择空气断路器和漏电保护断路器

根据住宅线路负荷电流不大于空气断路器和漏电保护断路器额定电流的原则，选择空气断路器和漏电保护断路器的额定电流。

（1）选择电源总开关。选择电源总开关空气断路器的额定电流时，按总负荷电流的 1.5~2.0 倍进行选择。由以上计算出的总负荷电流 $I_{总负荷} = 22.8A$，$I_{总开关} = (1.5 \sim 2.0)$ $I_{总负荷} = (1.5 \sim 2.0) \times 22.8A = 34.2 \sim 45.6A$，可选择额定电流为 40A 的 2P 漏电保护断路器作电源总开关。

（2）各分支回路开关的选择。考虑用电器很少全部一起使用，各回路开关的额定电流比计算的负荷电流高一个等级即可。

照明回路：由 $I_{照明} = 1.2A$，QF_2 可选 6A 或 10A、1P 的空气断路器；

客厅空调回路：由 $I_{空调1} = 8.4A$；QF_3 可选 16A、1P 的空气断路器；

房间空调回路：由 $I_{空调2} = 10.5A$；QF_3 可选 16A、1P 的空气断路器；

厨房插座回路：由 $I_{厨房插座} = 11.4A$，QF_4 可选 16A、1P 的空气断路器；

其余插座回路：由 $I_{其余插座} = 14.3A$，QF_6 可选 16A、1P 的空气断路器。

6.2.4.2　选择电能表

根据住宅总负荷电流不大于电能表的额定最大电流，且留有余量的原则选择电能表。本项目中选择标定电流为 15A，额定最大电流为 60A，即 15（60）A、220V、50Hz 的单相电子式电能表。

6.2.4.3　选择导线

根据住宅各分支回路的最大电流不大于导线安全载流量，且应留有余量的原则选择导线。需先计算出各分支回路的最大电流，再通过查表的方法进行选择。本项目选用 PVC 线管暗敷设，各分支回路的最大电流应小于表 6-2 中穿塑料管暗敷的安全载流量。

（1）住宅最大电流：$I_{住宅max} = I_总 \times K = 45.8 \times 1.2 = 54.9A$，选择截面积为 16mm² 的 BV 铜芯线作为进户线。

（2）照明回路最大电流：$I_{照明max} = I_照明 \times K = 1.2 \times 1.2 = 1.44A$，选择截面积为 1.5mm² 的铜芯塑料绝缘导线。

（3）客厅空调回路最大电流：$I_{空调1max} = I_{空调1} \times K = 8.1 \times 1.2 = 9.7A$，选择截面积为 2.5mm² 的铜芯塑料绝缘导线。

（4）房间空调回路最大电流：$I_{空调2max} = I_{空调2} \times K = 10.5 \times 1.2 = 12.6A$，选择截面积为 2.5mm² 的铜芯塑料绝缘导线。

（5）厨房插座回路最大电流：$I_{厨房max} = I_厨房 \times K = 11.4 \times 1.2 = 13.7A$，选择截面积为 2.5mm² 的铜芯塑料绝缘导线。

（6）其余插座回路最大电流：$I_{其余插座max} = I_{其余插座} \times K = 14.3 \times 1.2 = 17.2A$，选择截面积为 2.5mm² 的铜芯塑料绝缘导线。

6.2.5　设计配电系统图

根据前述的线路分配及导线和断路器的选用，设计本项目的配电系统图如图 6-11 所示。

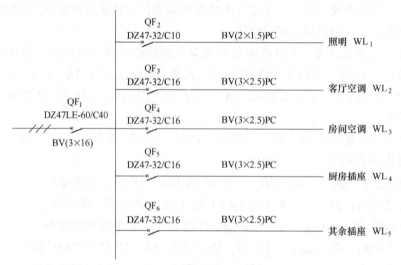

图 6-11　两房一厅配电系统图

6.2.6 设计照明布线平面图

照明布线平面图应按安全、规范、统一、合理和便于操作的原则进行设计，综合考虑整套住宅的结构、家具布局等，为了确保平面图清晰可读，通常把照明布线和插座布线分开设计。

6.2.6.1 设计照明布线平面图

（1）客厅和门厅。电源配电箱安装在门后离地 1800mm 处；客厅和门厅中央各安装一盏吸顶灯，其开关选用一个两位单控开关，此开关安装在进门处以方便操作。

（2）主卧。在主卧中央安装一盏吸顶灯，该吸顶灯由两个双控开关控制，双控开关分别安装在进门处和床头处以方便操作。

（3）书房。在书房中央安装一盏吸顶灯，该吸顶灯由一个单控开关控制，单控开关安装在进门处以方便操作。

（4）厨房和餐厅。在厨房安装一盏吸顶灯，在餐厅中央安装一盏吊灯，分别由一个两位单控开关控制，该单控开关安装在厨房进门处。

（5）卫生间。在卫生间中央安装一盏吸顶灯，该吸顶灯由一个单控开关控制，为了避免卫生间内湿气影响用电安全，单控开关安装在卫生间门外。

（6）阳台。在阳台中央处安装一盏吸顶灯，因为该阳台连通客厅和卧室，为了方便操作，选用双控开关控制该吸顶灯。为了方便操作，一个双控开关安装在客厅阳台门外，一个安装在书房阳台门内。

（7）过道。在过道中央处安装一组（2盏）筒灯，该筒灯由一个单控开关控制，单控开关安装在客厅与过道的拐弯处。

以上灯具的开关，除主卧床头的双控开关安装在离地 1.0m 以外，其余开关统一安装在离地 1.4m 高度。

在绘制照明布线平面图时，首先在建筑平面图相应位置上用照明电气平面图符号表示相关器件并确定其安装位置。从照明配电箱开始合理地把所有灯具连通，再用连线连接相应开关和灯具，以表示其对应控制关系，最后按规范标注导线和灯具，照明布线平面图如图 6-12 所示。

6.2.6.2 设计插座布线平面图

本项目的插座分 4 个回路，分别为客厅空调回路 WL_2、房间空调回路 WL_3、厨房插座回路 WL_4 和其余插座回路 WL_5。

（1）客厅空调回路 WL_2 和房间空调回路 WL_3。空调插座选择 16A 三孔插座，因三台空调均为壁挂式的，因此插座安装在客厅和房间的一侧角落，离地均为 1800mm。

（2）厨房插座回路 WL_4。该回路设置了 3 组插座，均选用 10A 五孔插座。在上排橱柜内安装 1 个插座，离地 1800mm，为抽油烟机提供电源；在灶台上方并排安装 3 个插座，离地 1300mm，为微波炉、电饭煲等炊具提供电源；在灶台旁安装 1 个插座，离地 1300mm 为电冰箱提供电源。

（3）其余插座回路 WL_5。该回路设置了 9 组插座，分别为客厅电视机、音响、风扇、书房电脑、台灯、主卧电视机、阳台的洗衣机等家电提供电源，均选用 10A 五孔插座。各插座位置参照家具的布局进行设置，安装高度统一离地 1300mm。

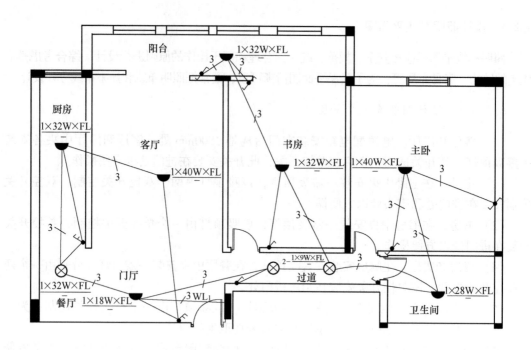

图 6-12　照明布线平面图

在绘制插座布线平面图时，首先在建筑平面图相应位置上用照明电气平面图符号表示照明配电箱、插座，并确定其安装位置；然后从照明配电箱开始按配电系统图的线路分配，分别连接各插座回路，插座布线平面图如图 6-13 所示。

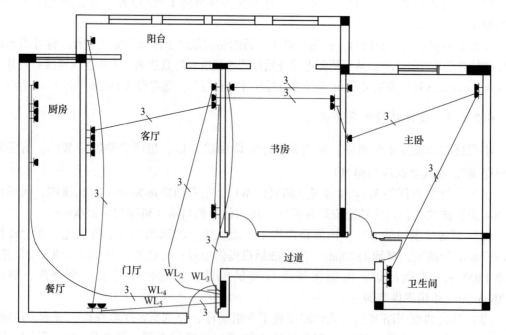

图 6-13　插座布线平面图

6.2.7 预算材料

根据照明布线平面图和插座布线平面图，预算本项目的主要材料清单，见表6-4。

表6-4 主要材料清单

序号	材料名称	规 格	数 量	备 注
1	照明配电箱	暗装	1个	
2	底盒	86型，暗装底盒	36个	
3	单控开关	86型2位	2个	
4	单控开关	86型1位	3个	
5	双控开关	86型1位	4个	
6	插座	3孔，16A	3个	
7	插座	5孔、10A、不带开关	24个	
8	灯具	40W 吸顶灯	2盏	
		32W 吸顶灯	3盏	
		28W 吸顶灯	1盏	
		18W 吸顶灯	1盏	
		32W 吊灯	1盏	
		9W 筒灯	2盏	
9	PVC 线管	$\phi 20mm$	50条	
10	导线	1.5mm^2 BV 线（红色）	2卷	
		1.5mm^2 BV 线（蓝色）	2卷	
		2.5mm^2 BV 线（红色）	3卷	
		2.5mm^2 BV 线（蓝色）	3卷	
		2.5mm^2 BV 线（黄绿双色）	3卷	
		10mm^2	30m	

6.3 工作页

6.3.1 学习活动1 明确任务

工作情境描述：装修公司接到某小区用户的订单，需要给该用户新购买的三房一厅毛坯房进行照明线路设计，请你作为设计工程师完成此项任务，三房一厅装修效果如图6-14所示。

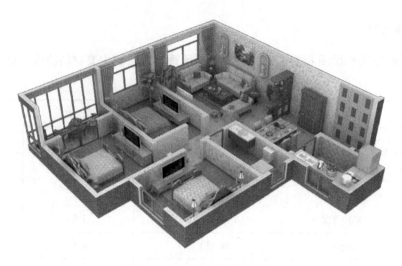

图 6-14　三房一厅装修效果图

引导问题：阅读工作情境描述，简述你的工作任务是什么?

_____ 。

6.3.2　学习活动 2　设计前的准备

引导问题 1：小组讨论制订工作计划，并预计各步骤所需时间，列入表 6-5 中。

表 6-5　施工具体事项及预计时间

步骤	具体事项	预计时间	备　注
1			
2			
3			
4			
5			
6			
7			

引导问题 2：小组讨论，列出用电设备清单，查询相关资料，讨论各用电设备的功率，填入表 6-6 中。

表 6-6　用电设备清单

序号	区域	用电器名称	数　量	功率/W	备　注
1					
2					
3					
4					
5					

序号	区域	用电器名称	数 量	功率/W	备 注
6					
7					
8					
9					
10					
11					
12					
13					
14					
15					
16					
17					
18					
19					
20					
21					
22					
23					
24					
25					
26					
27					
28					
合计					

6.3.3　学习活动 3　照明线路设计

引导问题 1：确定线路分配和布线方式。

引导问题 2：计算负荷电流。

（1）计算各分支回路的负荷电流。

（2）计算本住宅的总负荷电流。

引导问题 3：选择器件及线材。

（1）选择空气断路器和漏电保护断路器。

（2）选择电能表。

（3）选择导线。

引导问题 4：根据线路分配及导线和断路器的选用，设计照明配电系统图。要求：图中各符号使用 GB 4728 中规定的符号，线路分配合理、绘图整洁、标题栏信息填写正确。

照明配电系统图如图 6-15 所示。

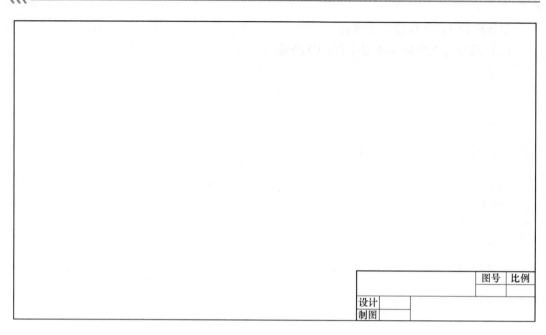

		图号	比例
设计			
制图			

图 6-15　照明配电系统图

引导问题 5：设计照明布线平面图。

（1）设计照明布线平面图，要求：作图规范，布局合理，布线正确，如图 6-16 所示。

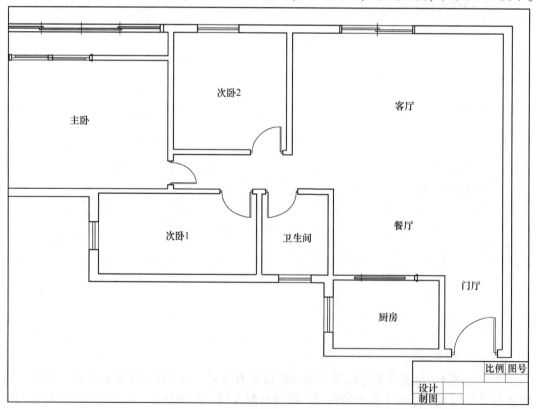

图 6-16　照明布线平面图

（2）设计插座布线平面图，要求：作图规范，布局合理，布线正确，标注插座安装高度，如图6-17所示。

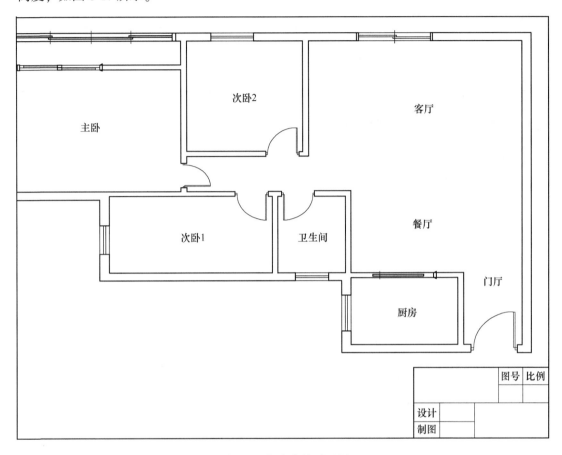

图 6-17　插座布线平面图

引导问题 6：结合上述设计的图纸，预算本项目的主要材料并作报价，列入表6-7中。

表 6-7　预算材料及报价

序号	材料名称	规格/型号	数　量	品　牌	单价/元	小计/元
1						
2						
3						
4						
5						
6						
7						
8						
9						

序号	材料名称	规格/型号	数　量	品　牌	单价/元	小计/元
10						
11						
12						
13						

6.3.4　学习活动4　项目验收与评价

根据评分标准对本项目进行验收。学生进行自评，小组进行互评，教师和企业专家评审、验收，评分标准见表6-8。

表6-8　评分标准

考核项目	评分点	配分	评 分 标 准	自评（30%）	互评（30%）	教师/专家评（40%）
设计准备（5分）	列出用电设备清单	5	用电设备清单品类、数量、功率合理			
线路设计（75分）	线路分配	5	线路分配合理			
	计算住宅负荷电流	10	选用方法合理、计算结果正确			
	选择器件及线材	10	选择器件及线材正确			
	设计配电系统图	10	设计合理、绘图规范			
	设计照明布线平面图	30	（1）设计照明布线平面图合理、符合规范；（2）设计插座布线平面图合理、符合规范			
	预算材料	10	清单齐全、预算合理			
职业素养（20分）	职业素养	20	（1）具有创新精神和服务意识；（2）具有人际交往与团队协作能力；（3）具备获取信息、学习新知识的能力；（4）具有安全文明生产、节能环保和遵守操作规程的意识；（5）具有分析和处理问题的理性思辨能力			
小　计						
合　计　总　分						

工匠案例

"机车神医"——张如意

2021 年的五一劳动节,一位"机车神医"连登《新闻联播》和央视新闻直播,他就是大国工匠——张如意,他参与了和谐号、复兴号所有机车首发车型的调试,还把机车安全送出了国门。

张如意 18 岁时作为一名普通电工进入中车大连机车车辆有限公司组装车体的岗位工作,他工作认真、勤学好问,很快他被推荐到了机车调试组工作。机车电力系统复杂,调试工作复杂程度很高,张如意刻苦钻研,逐步掌握了机车调试技能并不断攻克技术难点和技术高点,如今的他成为了掌握电力机车世界先进技术的专家型人才,能快速甄别国内外机车的故障,从此有了"机车神医"的称号。

张如意从事机车调试 21 年,完成技术创新项目 40 余项,一直保持着调试一千多台机车质量零缺陷的记录,他和同事调试的机车也走向世界,出口到了 18 个国家和地区。

张如意用"干一行、爱一行、专一行、精一行"的新时代大国工匠的敬业精神,在平凡的工作岗位上书写不平凡的人生。

课 后 练 习

6-1 设计题

(1) 对本项目进行弱电线路的布线设计,并绘制弱电布线平面图。

(2) 设计 PVC 线槽明敷布线的照明和插座的布线平面图。

6-2 计算题

某住宅装有一只 DD862a 型 10(40)A 电能表,现可能同时投入使用的用电量最大的家用电器有 1500W 空调器 2 台,1400W 电热水器 1 台,700W 电饭锅 1 台,1500W 电水壶 1 台,其他可能同时投入使用的家用电器估计有 800W;考虑今后添加并同时使用的家用电器有 2000W,请问该电能表能否承受?

参 考 文 献

［1］曾祥富，陈亚琳．电气设备安装与维护项目实训［M］．北京：高等教育出版社，2015．

［2］郝晶卉，鹿学俊．照明线路安装与检修［M］．北京：高等教育出版社，2015．

［3］任小平．电工技术基础与技能［M］．北京：机械工业出版社，2018．

［4］人力资源和社会保障部教材办公室．照明线路安装与检修［M］．北京：中国劳动社会保障出版社，2017．

［5］方大千，方欣．家庭电气装修装饰问答［M］．北京：国防工业出版社，2007．

冶金工业出版社部分图书推荐

书　名	作者	定价(元)
电力电子技术项目式教程	张诗淋　杨　悦 李　鹤　赵新亚	49.90
电工基础及应用项目式教程	张诗淋　陈　健 姚箫箫　赵新亚	49.90
供配电保护项目式教程	冯　丽　李　鹤　赵新亚 张诗淋　李家坤	49.90
电子产品制作项目式教程	赵新亚　张诗淋 冯　丽　吴佩珊	49.90
传感器技术与应用项目式教程	牛百齐	59.00
自动控制原理及应用项目式教程	汪　勤	39.80
电子线路 CAD 项目化教程——基于 Altium Designer 20 平台	刘旭飞　刘金亭	59.00
物联网技术基础及应用项目式教程（微课版）	刘金亭　刘文晶	49.90
5G 基站建设与维护	龚猷龙　徐栋梁	59.00
机电一体化专业骨干教师培训教程	刘建华　等	49.90
电气自动化专业骨干教师培训教程	刘建华　等	49.90
太阳能光热技术与应用项目式教程	肖文平	49.90
电机与电气控制技术项目式教程	陈　伟　杨　军	39.80
PPT 的设计与创作教程	张　伟　李玲俐　等	49.90
物联网技术与应用——智慧农业项目实训指导	马洪凯　白儒春	49.90
Windows Server 2012 R2 实训教程	李慧平	49.80
西门子 S7-1200/1500 PLC 应用技术项目式教程	张景扩　李　响 刘和剑　等	49.90
智能控制理论与应用	李鸿儒　尤富强	69.90
虚拟现实技术及应用	杨　庆　陈　钧	49.90
车辆 CarSim 仿真及应用实例	李茂月	49.80
现代科学技术概论	宋　琳	49.90
Introduction to Industrial Engineering 工业工程专业导论	李　杨	49.00
合作博弈论及其在信息领域的应用	马忠贵	49.90
模型驱动的软件动态演化过程与方法	谢仲文	99.90
财务共享与业财一体化应用实践——以用友 U810 会计大赛为例	吴溥峰　等	99.90